高等教育美术专业与艺术设计专业"十三五"规划教材

书籍装帧

SHUJI ZHUANGZHEN

主　编　张津辅　代秀芳　王　巍
副主编　韩晓鸣　高开辉

西南交通大学出版社
·成都·

内 容 简 介

本书内容包括书籍与装帧概述、书籍装帧发展历程、书籍的整体设计以及装帧印刷工艺等几个大方面。本书内容包括：书籍装帧国内和国外发展历程；书籍的整体设计部分，包括书籍外部形态设计——函套设计、护封设计、封面设计、封底设计、勒口设计、腰封设计等；书籍外部形态的视觉要素，包括文字、色彩、图形等；还讲解了装帧与印刷工艺，包括开本、纸张、装订方式等。

图书在版编目（CIP）数据

书籍装帧 / 张津辅，代秀芳，王巍主编 . 一成都：西南交通大学出版社，2016.6

高等教育美术专业与艺术设计专业"十三五"规划教材

ISBN 978-7-5643-4752-9

Ⅰ.①书… Ⅱ.①张… ②代… ③王… Ⅲ.①书籍装帧—高等学校—教材 Ⅳ.① TS881

中国版本图书馆 CIP 数据核字（2016）第 143052 号

高等教育美术专业与艺术设计专业"十三五"规划教材

书籍装帧

主编 张津辅 代秀芳 王 巍

责任编辑	姜锡伟
封面设计	姜宜彪
出版发行	西南交通大学出版社 （四川省成都市二环路北一段 111 号 西南交通大学创新大厦 21 楼）
电　　话	028-87600564　028-87600533
邮政编码	610031
网　　址	http://www.xnjdcbs.com
印　　刷	河北鸿祥印刷有限公司
成品尺寸	185 mm × 260 mm
印　　张	7.25
字　　数	141 千字
版　　次	2016 年 6 月第 1 版
印　　次	2016 年 6 月第 1 次
书　　号	ISBN 978-7-5643-4752-9
定　　价	48.50 元

前　言

随着计算机的高速发展，当今社会已经进入网络时代，平板电脑、智能手机等终端的出现，阅读方式出现了变化，电子图书逐渐增多，无纸化时代已经来临。那么以纸为媒的报纸、杂志、书籍就此衰退吗？不，文字还是利用书籍这一古老的媒介方式最为适合，因为纸质图书有它独特的魅力。书籍是人类用来记录一切成就的主要工具，也是人类用来交融感情、取得知识、传承经验的重要媒介，对人类文明的开展，贡献非常大。迄今为止发现最早的书是 5 000 年前古埃及人用纸莎草纸所制的书。最早起源于中国的造纸术和雕版印刷术的发明，开启了人类历史新篇章，将纸张装订在一起于是有了一本本的书。随着 15 世纪谷登堡印刷术的发明，书籍才作为普通老百姓能承受的物品，从而得以广泛传播。在书籍让人们掌握知识、获得能力的同时，书籍的美观开始受到人们的重视，并形成了一门独特的艺术——装帧艺术。

现今，书籍装帧课程已经成为各大艺术类院校的基础课课程，并在多年的努力下创造了丰硕的成果，培养出了大批青年设计人才。

本书最大的特色是增加了书籍装帧设计的电脑表现部分。本书利用现今最为流行的设计软件进行书籍封面设计的电脑制作。

本书在编写过程中，参阅了大量的资料，并选了许多优秀的设计作品。不论注明或未注明出处，均对作者表示诚挚的谢意。

目　　录

第1章　书籍与装帧艺术

书籍是人类用来记录一切成就的主要工具，也是人类用来交融感情、取得知识、传承经验的重要媒介，对人类文明的开展有较大的贡献。迄今为止，发现最早的书是5000年前古埃及人用纸莎草纸所制的书。最早起源于中国的造纸术和雕版印刷术的发明，开启了人类历史新篇章，将纸张装订在一起，于是有了一本本的书。随着15世纪谷登堡印刷术的发明，书籍才作为普通老百姓能承受的物品，从而得以广泛传播。在掌握知识、获得能力的同时，书籍的美观开始受到人们的重视，并形成了一门独特的艺术——装帧艺术。

1.1　书籍与装帧

文字的出现，起到了承载知识、传播文化的作用，它也是书籍产生最根本的条件。图形语言的具象与简明，成为人类思想的衍生品。文字和图像作为现代日常生活中沟通以及传播信息的符号，在文化生活中有着重要的价值。

"书"指的是一种由一沓书页构成、精装或简装在一起的物品。《牛津简明英语词典》提供了两种关于图书的释义：①可以携带的手写或印刷在一些纸张上的论文。②写在很多纸上的文字组合。（如图1-1-1至图1-1-4）

图 1-1-1　　　　　　　　　　　　　图 1-1-2

图 1-1-3　　　　　　　　　　　　　图 1-1-4

这两种简单释义给我们提供了图书的两个关键因素：一是描述了纸张印刷并且便于携带的物理特征；二是提到了写作和文学性的特点。联合国教科文组织对书下的定义是：至少五十页以上的非定期印刷出版物。

法国弗雷德里克·巴比耶教授在其著的《书籍的历史》一书中的定义是："包括一切不考虑其载体、重要性、周期性的印刷品，以及所有承载手稿文本并有待传播的事物。"因此，"书籍是人类进步的阶梯"，是人类文明传承的重要工具，对书史的研究一向被认定是学科之间的学科，因为它涉及的领域是如此广泛，不但与文学史，而且与技术、经济、社会、政治等学科的历史紧密联系。图书是由一系列印刷并固定在一起的纸张组成的，可以跨越时空将知识保留、广而告之、详细讲述、传播给识字读者的一种便于携带的载体。

高尔基对书籍有这样的评价："热爱书籍吧！书籍是知识的源泉，只有书籍才能解救人类，只有知识才能使我们变成精神上坚强的、真正的、有理性的人。唯有这种人能真诚地热爱人，尊重人的劳动，衷心地赞赏人类永不停息的伟大劳动所创造的最美好的成果。"可见，书籍设计对于人类文明进步起到的重要作用。书籍对人类的影响和效果是难以衡量的。书籍是社会产品，它既是物质产品，也是精神产品。好的书籍设计不仅在于设计的新颖，更在于书的内容编排、印制物化与整体关系贴切，人们可以十分清晰地读到书的内容。

书籍是供人们阅读的艺术载体，各个艺术门类都通过不同的载体表达各自的艺术情感。书籍装帧艺术的审美方式是立体的、动态的，呈现出明显的延续性、间歇性的时间特征，甚至与触觉也紧密相连。人们从视、听、触、闻、味五感体会书籍的这种独特审美方式，它使书籍装帧成为一门独立的艺术门类。

"装"字来源于中国古代卷轴装、简策装、经折装、线装，这些"装"字也是取装潢美化的意思。"帧"字原用于字画的计数，用在书籍上就是将书页装订成册，即"装帧"。

从书籍的外部形态设计、印刷工艺、印刷材料的选择来看，书籍是立体存在的。从书的三维角度来看，书籍装帧设计已经成为一个立体的、多侧面的、多层次的系统工程。我们所完成的书籍装帧设计是书籍立体成型设计的全过程。

印刷是最具有影响力的传播工具之一，它改变了人类的思维、文化和经济发展的进程。在历史发展的长河中，无论是宗教和政治，还是医学、自然科学、文学地理，每一门知识学科的传承都离不开书籍。

书籍这种古老的媒介形式，在人类漫长的发展过程中承载着人类精神与思想。从最早的甲骨文刻字到木椟、竹简等，书籍所记载的是这些文明的发展脉络。早期的书籍以记录功能为主，以传达功能为辅。现代意义上的书籍形态是在人类早期书籍形态的基础上发展而来的，在社会产生变革后才出现。书籍的内容必须通过一定的载体才能被反映出来，不同的载体产生不同形态的书，书的形态也反映一定社会、一定时期的社会意识。我们所熟悉的书籍的形态是六面体的知识存贮器。但在当今信息万变的多媒体时代，随着人们文化、经济、环境的改变，书籍形态也将随着社会的发展而改变。（如图 1-1-5 至图 1-1-11）

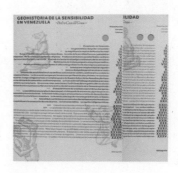

图 1-1-5

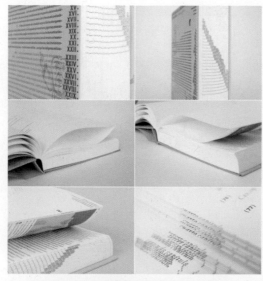

图 1-1-6

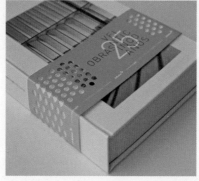

图 1-1-7

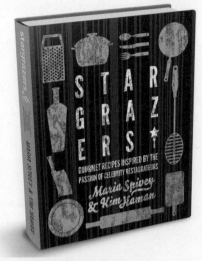

图 1-1-8   图 1-1-9

图 1-1-10   图 1-1-11

1.2　书籍设计的功能目的

《书林清话》中记载："凡书之直之等差，视其本，视其刻，视其纸，视其装，视其刷，视其缓，视其急，视其有无。本视其抄刻，抄视其讹正，刻视其精粗，纸视其美恶，装视其工拙，印视其初终，缓急视其时，又视其用，远近视其代，又视其方。合此七者，参悟而错综之，天下之书之直之等定矣。"由此可见，书籍设计的好坏是有标准的。

书籍装帧的功能分为两个方面：一是实用功能，二是审美功能。实用功能是书籍的基本功能，而审美功能涉及书籍的艺术表现力。书籍具有承载书稿内容的功能、有利于阅读和引导的功能、对书籍的识别功能、促进购买的功能、对书籍的保护功能等。书籍设计是营造外在书籍造型的构想和对内涵信息传递的理性思考的学问，是设计师对书的内容准确地领悟和理解后，经过周密的构思、精心的策划和印刷工艺的运筹等过程形成的。书籍设计不仅仅是一种设计，而应从书中挖掘传播的信息，运用理性化的设计规则，来表达出全书的主题。通过书籍的形态、严谨的有韵律感文字的排列、准确直观的图像选择、有规则有层次的版面构成、有动感的视觉旋律、完美和谐的色彩搭配、合理的纸材应用和准确的印刷工艺，寻找与书籍内涵相关的文化元素。从视觉表达上展现书的内容、启示读者，达到书籍设计与阅读功能的完美结合。

2004年，吕敬人在香港某书籍设计站做了一本书，书名叫《翻开》。在他看来，翻开就是设计的目的。书籍设计是将文本的语境通过视觉手段充分传达给受众，这是设计最根本的目的。人类进行周而复始的读、看、写、读。书是用来阅读的，这是它的最终功能。阅读以视觉过程为基础，易读性则是其重要的先决条件。书籍设计者的任务是将内容和不同级的文本层进行结构化设计，并将其与各种设计元素协调组合，以实现易读。（如图1-2-1至图1-2-3）

图 1-2-1

图 1-2-2

图 1-2-3

评判一本最美的书的标准是什么？第一，应该是设计和文本内容的完美结合；第二，要有创造性；第三，它是给人阅读享受的，一定在印刷和制作方面有它最精致、独到的地方。当然，我们的作品还是要能够体现自身民族的文化价值、审美价值。书籍设计要让读者读来有趣、有益。因此，书籍形态设计的目的不仅要在视觉上吸引读者，更要传达该书的基本精神，向读者宣传书籍的内容，通过艺术的形式帮助读者理解书籍的内容，增加读者的阅读兴趣。

一本优秀的书籍要做到内容与形式的统一，除了书籍的内容以外，书籍的形式美、材质美也要充分传达书籍内容的精神。书籍设计的目的不仅是装饰，也是实用功能与外部形态的完美统一。在进行书籍形态设计时，要把握可视性和可读性的特征，让读者快速地认识该书，也能方便阅读和检索。我们要用感性和理性的思维方式设计读者不得不为之动心的书籍形态。

从生产的概念来看，书籍是一种商品。书籍设计的艺术性从属于书籍的功能性，它不是艺术家肆意宣泄的艺术品。书籍装帧是为书籍内容服务、为读者服务的。因此，书籍设计承担着一定的社会责任。我们需要不断试验、组合设计元素与设计构思，寻找具有说服力的材质，并尝试革新印刷技术和工艺。

书籍的文字从刻写到抄写，从毕昇的胶泥活字印刷术到谷登堡的现代印刷术，再到今天的电子书，经历了因大大小小文本传播技术的改变所导致的载体演变；读者群也从手抄时代的少数人群，繁衍普及到活字及现代印刷术时代的大众群体，进而衍变到电子媒体时代的分众设计：这是书籍发展不可逆转的历史进程。（如图 1-2-4 至图 1-2-11）

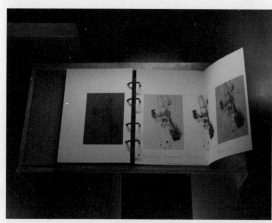

图 1-2-4

图 1-2-5

图 1-2-6

图 1-2-7

图 1-2-8

图 1-2-9

图 1-2-10

图 1-2-11

1.3 书籍设计的艺术价值

书籍"美"是什么？回顾历史我们可以发现，"时间"是"美"的重要元素，换句话说，"美"是无标准、无定位、无界限，也不是绝对的。"标准"只是文化生活死亡的符号，而"美"是活生生的生活"现象"，反映出人的创作力与生活、教育、科技等各方面紧密结合所发生的化学作用。

书籍设计不仅要有功能性，还要有审美性。自我们要求美感与功能同等重要的那一刻起，仅仅从功能上发展美是远远不够的。事实上，美本身也是一种功能，美是由一个物品与生俱来的各个组成部分的和谐统一构成的，任何添加、消减或更改都会降低其美感。因此，长久看来，狭义的纯粹实用性不能满足人们的需求。美的观念经历着不断的变化，使美更加难以达到，但是人们依然在渴求书籍之美。

书境犹在澄清志，妙语神会境中游。书境、心境、意境、语境，书籍艺术工作者无不在原著文本的天地中寻找精神生命中最理想化、视觉化的境界表达。书籍设计将表现空间的造型语言、表达时间的节奏语言、体验时间的拟态语言，既呈现感性物质的书籍姿态，又融会内在理性表情的信息传达。书之境是设计者对文本生命价值的拓展和实现原著内涵语境衍生的最高追求，即为读者创造真、善、美与景、情、形三位一体的阅读书境。

从"美"的角度去看待书籍，读书是一种乐趣，读一本好书是一种享受，而我们相信读一本拥有好设计的书，会让阅读的幸福感加倍。书籍设计大师吕敬人先生曾说，书籍的角色其实就是在读者和作者之间架一座桥，是媒人，让书和读者去谈恋爱。这个比喻恰到好处地诠释了书籍设计和阅读的关系。

书籍是一个带有情感的事物，不仅仅是文字的传达，而且是可以赋予美感的。书籍设计并不只是装帧上的工艺之美，更重要的是从内到外、从内容的情感表达到设计的视觉表现的全方位体现。设计，能为书籍带来视觉上的美好，也能在无意中引导读者阅读，进入书籍的情感世界，为阅读提供方便。

日本书籍设计师杉浦康平说："书籍，不仅仅是容纳文字、承载信息的工具，更是一件极具吸引力的'物品'。它是我们每个人生命的一部分。每每翻阅书籍，总会感到无比的惬意，这是因为我们会用心去感受它内容的力量，欣赏它设计的美感，有时就连翻书页的过程也觉得是一种享受。书籍是有内涵的，它的内涵超越了文字的本身，它展现给人们的不仅仅是一篇篇文章。"书籍的形态会散发一种气质，加深人们对阅读的热爱，能净化心灵，带来愉悦的感受。书籍是一种艺术品，是能够把文化意图传达给读者的载体，内容固然是一本书的灵魂，但当内容与形式完美结合时，它们便具有了收藏的价值，使书籍的艺术品质得到体现。

书籍装帧属于艺术的范畴，其性质决定了书籍封面的文化性和艺术性。虽然书籍作为精神商品也卷入了市场经济的旋涡，利用封面做广告招徕征订，增加书籍的销售数量，但书籍装帧绝不等同于一般商品的包装那样随着商品的使用价值的启动而完成和废弃。市场经济中书籍装帧艺术已经从以前简单的封面设计过渡到现在的封面、环衬、扉页、序言、目录、正文等书籍整体设计，以二元化的平面思维发展到三维立体的构造学的设计思路。我国先秦思想家荀子说"君子知夫不全不粹之不足以为美也"（《荀子·劝学篇》），就是强调了美的整体性。孔子"尽善尽美"的审美理想，"尽"字也表达了"全部""整体"的含义。任何一本精美的书都有共性整体性。一个物体的视觉概念，是从多个角度进行观察后的总印象。整体美这一要素贯穿于各局部之间，游离于表里之外，显现于人们的主体视觉经验中。

中国的书籍艺术有着悠久灿烂的历史，她为我们留下了宝贵的文化遗产，这是维系书籍生命力的基础。电子书籍给传统出版业带来了冲击，恰恰也给创造体现无穷艺术魅力的书籍载体带来了机遇。中国改革开放30多年给书籍设计艺术带来的最大动力就是永不满足的探索精神，让中国书籍艺术的参与者释放出无穷的设计能量，并以开放的心态，做好传承与创新、艺术与市场，从而提升中国书籍设计艺术整体水平的发展。（如图1-3-1至图1-3-6）

图 1—3—1

图 1—3—2

图 1-3-3

图 1-3-4

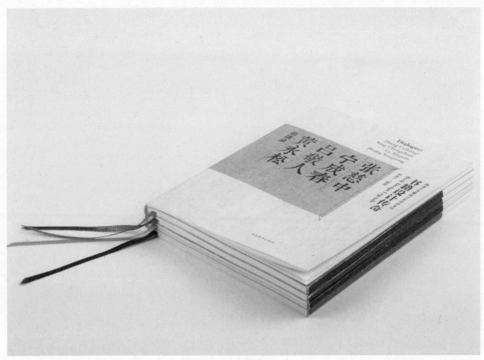

图 1—3—5

图 1—3—6

第2章　书籍的起源与发展

书籍，在人类社会的发展中担当着不可或缺的重要角色。高尔基曾说过"书是人类进步的阶梯"。书籍作为文字、图形的载体而存在，是用文字、图画和其他符号，在一定材料上记录各种知识，清楚地表达思想，并且制装成卷册的著作物，是传播各种知识和思想、积累人类文化的重要工具。随着历史的发展，书籍在书写方式、所使用的材料和装帧形式，以及形态方面，也在不断变化与变更。

2.1　中外书籍装帧发展历程

2.1.1　中国古代书籍装帧的发展历程

书籍形式的出现必定是以文字产生为基础的，我国在距今五六千年的西安半坡遗址中出土的新石器时代的彩陶上就出现了一些简单的记事符号。而经过专家的推断，这很有可能就是中国汉字的雏形，可以说，我国的汉字有着很悠久的历史，随之产生的书籍形式也就有了相应的历史。中国最早的文字是殷商时期的甲骨文，文字是用刀具刻写在龟甲或者兽骨之上的，主要是记载当时统治阶级的情况。而随后产生的钟鼎文，是刻写在青铜器具上的，也是主要用于记录王公贵族的生活状态等。但是它们存在着明显的不足：不方便保存和流行，不是以传播知识和经验为目的，也没有经过编排装订。所以，这个阶段的形态还不能称之为书籍。真正具有书籍形态雏形的应该是竹木的简牍。（如图 2-1-1 至图 2-1-3）

图 2-1-1 甲骨文

图 2-1-2　甲骨文

图 2-1-3　青铜器

1. 简　牍

简牍实际是几种东西的总称，指的是竹简、木简、竹牍和木牍。简牍是在纸普及之前用来记载的载体。现在发现的简牍的年代主要是战国、秦汉、三国时期，最晚至西晋。简牍是中国书籍的最主要形式，对后世书籍制度产生了深远的影响。直到今日，有关图书的名词术语、书写格式及写作方法，依然承袭了简牍时期形成的传统。（如图 2-1-4 至图 2-1-6）

简牍是对我国古代遗存下来的写有文字的竹简与木牍的概称。用竹片写的书称"简策"，用木版写的叫"版牍"。超过 100 字的长文，就写在简策上，不到 100 字的短文，便写在木版上。一枚简牍称为简，常写一行直书文字，简也成为是古代书籍的基本单位，相当于现在的一页。简的长度一般在 1 米左右，较长的文章或书所用的竹简较多，所谓的"编简成策"就是用绳子、丝线或牛皮条依照次序编串起来，成为"策"或者"册"。用于简牍的书写工具主要包括笔、墨、刀。简牍上的文字用笔墨书写，刀的主要用途是修改错误的文字，并非用于刻字。简策的开头两根，不写刻正文，有时在其反面写刻书篇名，称为"赘简"。相当于现代图书的封面，主要起到保护简策的作用。我国的很多古代著作都是书写于简策之上的，《尚书》《礼记》《论语》等都以简策的形式保存至今。

简策书籍最大的缺点是量大笨重，使用起来十分不方便。据记载，秦始皇每天阅读公文 150 斤，秦汉时期有一些大臣写公文要由两个大汉抬着入宫，可见简策作为文章载体很不方便。除此之外，由于简策是用编绳串接起来的，所以日久绳断容易产生脱简和错简的情况，很难进行复原。

图 2-1-4 简牍

图 2-1-5 简牍

图 2-1-6 简牍

2. 帛 书

帛书，又名缯书，以白色丝帛为书写材料。帛书指将文字、图像及其他特定的符号写绘于丝织品上的书籍形式，为纸还未发明之前重要的书写物料。其起源可以追溯到春秋时期，至汉代仍有大量的帛书。帛书有不少方面与竹简相似。有的帛书会以黑色或红色画出行格，类似今日之信笺，称为乌丝栏、朱丝栏。此实是模仿了简书的样子。帛书最大的优点是由于材质轻柔平滑，易于着墨书写，而且携带起来十分方便。最大的缺点是自身材质的原因，造成成本高，不利于广泛使用，只能局限于贵族阶级使用。（如图 2-1-7 至图 2-1-9）

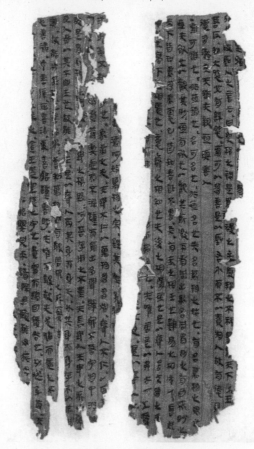

图 2-1-7 帛书

图 2-1-8 帛书

图 2-1-9 帛画

　　在东汉时期，蔡伦的造纸术发明使书籍形式发生了巨大的变化。而当时"废简用纸"的规定以及对于书写用纸颜色和规格的统一，使纸张迅速成为书籍的主要材料。而隋唐时期的雕版印刷术的发明不仅是我国文明的一次飞跃，还加快了信息传播的速度和范围，也在客观上刺激了书籍形式的改变。（如图 2-1-10、图 2-1-11）

图 2-1-10　蔡伦　　　　　　　图 2-1-11　造纸过程

卷轴装源于帛书。卷轴装是我国历史上使用时间最久的一种书籍形式，它始于周代，主要存在于魏晋南北朝，隋唐纸书盛行时应用于纸书，以后历代均沿用。这种中国最古老的装帧形式，由于其特点是将长篇卷起来，方便保存，因此，现代装裱字画仍沿用卷轴装。

卷轴装书主要由四个部分组成，分别为卷、轴、褾、带。卷是书的主体，是以纸或者帛做成的，汉代之后均采用纸质。轴是用来旋转卷的木制的带漆的细木棒，也有贵族采用珍贵的材料如琉璃、象牙、珊瑚等。卷的左端卷入轴内，而另外一端就留在外面。褾是保护卷子免于破裂的俗称"包首"。带是用作缚扎的，是黏附在褾头上的一种不同色彩的丝织品。

卷轴装行列有序，与简策相比舒展自如、便捷，可一纸或多纸粘裱于一起，谓一卷。但是卷轴装也有其缺点：例如进行查阅时，必须要从头打开，舒卷不是非常方便。直到雕版印刷术发明以后，由于版面的限制，书籍装帧才逐渐发展为旋风装和经折装。它们都是卷轴装向册装转变过渡的形式。（如图 2-1-12）

图 2-1-12

经折装是卷轴装后的一个装帧飞跃，使书籍形式逐步走向翻页的装帧结构。

最初这种书籍装订形式是由佛教传进中国的，书籍的内容主要以经文为主，因此被称为经折装。

这种书籍将本来的卷轴形式的卷子纸张不用卷的方式，而是采用反复左右折合的办法折成长方形的折子形式。首尾固定在尺寸相等的厚板纸或者木板上作为封面和封底。经折装的封面有两种形式，有封底封面分开的，也有封底封面连接的，加上封面的设计，这种书籍的形态已经接近现代书籍的装帧形式，因此经折装的书籍也是中国书籍装帧历史上向册页式书籍的过渡。它比卷轴装更加方便翻检，可以快速找到自己查阅的那一页。所以，在隋唐尤其是唐代和以后相当长的时间里，经折装这种折子形式的书籍装帧形式得到了广泛应用。（如图 2-1-13、图 2-1-14）

图 2-1-13   图 2-1-14

旋风装实际上是就是经折装的变形产物。据考证，可能是当时僧侣们诵经的时候经折装存在不方便的地方，人们便在经折装的基础上进行了改进。古人利用一张大纸对折起来，一半粘在书的最前面，另一半从书的右边包到背面，粘在末页使之成为前后相连的一个整体。如果从第一页翻起，一直翻到最后，仍可接连翻到第一页，回环往复，不会间断，遇到风吹的时候书页随风翻转犹如旋风，因此得名旋风装。

书籍装帧还有一种形式叫旋风装，是将写好的书页按照内容的先后顺序逐张粘贴在事先准备好的卷子上面。这其实是卷轴装的一种变形。阅读时从左向右逐页翻阅，收卷时从卷首卷向卷尾。这种装帧形式在唐代的时候曾经流行过一段时间。（如图 2-1-15、图 2-1-16）

 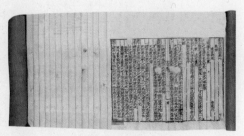

图 2-1-15   图 2-1-16

唐、五代时期，雕版印刷盛行，印刷数量的加大促进书籍装帧的发展，以往的书装形式已难以适应飞速发展的印刷业，促成了书籍形式的演变。蝴蝶装起始于五代（公元10世纪），盛行于宋代，宋代是雕版印刷术发明后刻书的全盛时期，至元代（公元13世纪）逐渐衰落。

蝴蝶装是册页的最初形式。其不像旋风装页页相连，而是书页反折，并将折口一起粘在一张包背的硬纸上。蝴蝶装就是将印有文字的纸面朝里对折，再以中缝为准，把所有页码对齐，用糨糊粘贴在另一包背纸上，然后裁齐成书。

蝴蝶装由于翻动时像蝴蝶展翅，因此得名。叶德辉《书林清话》中记载：蝴蝶装者不用线订，但以糊粘书，夹以坚硬护面。以版心向内，单口向外，揭之若蝴蝶翼。此装帧方法避免了经折装和旋风装书页折痕处易断裂，也省却了将书页粘贴成长幅的麻烦。蝴蝶装的封面大多采用硬纸，也有裱背上绫锦丝织的。（如图2-1-17、图2-1-18）

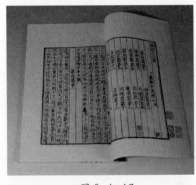
图2-1-17

图2-1-18

包背装，近似于现在的平装书。包背装与蝴蝶装的主要区别是对折页的文字面朝外，背向相对。张锲夫在《中国书装源流》中说："盖以蝴蝶装式虽美，而缀页如线，若翻动太多终有脱落之虞。包背装则贯穿成册，牢固多矣。"因此，到了元代，包背装取代了蝴蝶装。包背装的书籍除了文字页是单面印刷，且又每两页书口处是相连的以外，其他特征均与今天的书籍相似。把印好的书页白面朝里，图文朝外对折，然后配页后，将书页折缝边撞齐、压平。再把折缝对面的缀边，粘在供包背的纸页上，包上封面，使其成为一整本书。这样的装订方式称为包背装。

包背装解决了蝴蝶装开卷就无字及装订不牢的弊病，但因这种装帧仍是以纸捻装订，包裹书背，因此也还只是便于收藏，仍经不起反复翻阅。为了解决这个问题，明朝中期以后，一种新的装订办法便逐渐兴盛起来，这就是线装书。（如图2-1-19至图2-1-20）

图 2-1-19   图 2-1-20

　　线装书是中国古代书籍的基本装帧形式，它的时代也代表着古代书籍装帧技术发展最富代表性的阶段。据文献记载，唐末宋初已有用横索书背后，再连穿下端透眼横索书背，最后系扣打结的形制的痕迹。但在明清时期才盛行起来，流传至今的古籍善本颇多。线装书在我国古籍的册页制度书籍中，已经达到了完善成熟的程度，形成了我国特有的装帧艺术形式，具有极强的民族风格。

　　线装，不用整纸裹书，而是前后分为封面和封底，不包书脊，将单面印好的书页白面向里、图文朝外地对折，经配页排好书码后，朝折缝边撞齐，使书边标记整齐，并切齐打洞、用纸捻串牢，再用棉线或丝线装订成册。常见的是四针眼法，也有六针眼、八针眼法。最后在封面上贴以签条，印好书根字（即书名），成为线装书。

　　有的珍善本需特别保护，就在书籍的书脊两角处包上绫锦，称为"包角"，也是古代书籍装帧技术发展最富代表性的阶段。北宋末期出现线装书，到清代线装书成为独具民族风格的书籍装帧。线装书的形式是书籍装帧发展成熟的标志，这种书籍装帧形式直到中国近代社会还被广泛使用，甚至到了现代，一些书画、字帖和古籍书还是采用线装这种装帧形式。

　　线装书的材质已经是较为成熟的纸质材料，书册相对就比较柔软，所以就出现了函套设计。线装书套多用纸板制成包在书的周围，即前后左右四面，上下切口均露在外面，也有用夹板保护的。书籍的四合套和六合套，在开启处挖成多种图案形式，如月牙形、环形、方形、如意形等。书函是以木做匣，用于线装书。匣可做成箱式，也可以做成盒式，开启方法各不相同。制匣多用楠木，取木质本色。也有用纸做成盒装的，有单纸盒和双纸盒，形式多样。函套使书籍装帧的整体设计水平又进一步得到了提高。（如图 2-1-21 至图 2-2-24）

图 2-1-21   图 2-1-22

图 2-1-23

图 2-1-24

2.1.2 外国早期的书籍装帧发展历程

公元前 3500 年左右，苏美尔人发明了楔形的象形文字。这种源于底格里斯河和幼发拉底河流域的古老文字是世界上最早的文字之一。在其约 3000 年的历史中，楔形文字由最初的象形文字系统随着社会生活逐渐发展。象形文字很难表达复杂而抽象的概念，于是象形文字发展为表意文字。苏美尔人的文字最初刻在石头上，但因美索不达米亚的石头很少，同时又不生长纸草，于是他们把文字写在软泥板上，然后把它烘干。泥板在晒干或烘干之后可以长期保存。制作的泥板大小不一，最大的一般不超过 50 厘米^2；因此篇幅较长的文学作品，现在我们还能看到的有 3 万多块。这种文字后来为巴比伦人、亚述人和波斯人所广泛采用，对科学文化的交流与传播起了重大的作用（如图 2-1-25）。

图 2-1-25

大约在公元前 3000 年，古埃及人发明了象形文字，他们用当时盛产于尼罗河三角洲的纸莎草的茎制成纸，称为"莎草纸"（如图 2-1-26）。纸卷在木头或者象牙帮上，呈卷轴的状态。平均为 6 米长，这也是目前可认知的一种书籍形态。古埃及人将莎草纸出口到古希腊等古代地中海文明地区，甚至遥远的欧洲内陆和西亚。莎草纸一直使用到 8 世纪左右，后来由于造纸术的传播而退出历史舞台。在埃及，莎草纸一直使用到 9 世纪才被从阿拉伯传入的廉价纸张代替。莎草纸在英语中写作 papyrus，它是希腊语 π π υ ρ ο（papuros）的拉丁文转写，这也是英文中"纸（paper）"一词的词源。

莎草纸消亡以后，制作莎草纸的技术也因缺乏记载而失传。后来跟随拿破仑远征埃及的法国莎草学者虽然收集到古埃及纸的实物，也没能复原其制造方法。直到 1968 年，埃及首任驻中华人民共和国大使哈桑拉杰布先生重新发明了制作莎草纸的技术。

图 2-1-26

在古罗马时期，罗马人发明了蜡书。就是在蜡版上进行书写，而蜡版就是涂有蜡的小木板，一般采用黄杨木或者其他木材。具体做法为在木板表面涂以一层蜡质，使用象牙或者金属雕刻器具尖锐的一端在木板上进行刻画，而另外扁平的一端则用来修改并涂抹出新的平面。蜡版是世界上最早的、可重复使用的记事簿，也是最原始的一种图书之一。由于可以反复地进行使用，罗马人在日常生活（如通信和记事）和行政方面经常用这种工具。

羊皮纸于公元前 2 世纪出现于小亚细亚的帕加马。埃及托勒密王朝为了阻碍帕加马在文化事业上与其竞争，严禁向帕加马输出埃及的莎草纸。公元前 170 年左右，帕加马国王欧迈尼斯二世发明了羊皮纸（如图 2-1-27）。羊皮经石灰处理，剪去羊毛，再用浮石软化，然后裁剪成页或连缀成册或粘成长幅，便成了这种新的书写材料。事实上，羊皮纸并不仅由小羊皮做成，有时也用小牛皮来做。羊皮纸之所以会逐渐取代莎草纸的原因在于，它两面都能书写，而且能够让鹅毛笔的书写呈现饱满的色彩，而且经久耐用，装订成册也不成问题。缺点是相当昂贵，制作也比较耗时耗工。从公元前 2 世纪起，欧洲社会普遍使用羊皮纸与莎草纸，14 世纪起逐渐被中国的纸所取代。但仍有些国家使用羊皮纸书写重要的法律文件，以示庄重，它仍用于某些正式场合。羊皮纸的出现，书的形式才发生了真正的改变。它的形式从卷轴变成了册籍。一本册籍书的内容相当于好几卷的卷轴书内容，册籍比卷轴更利于人们阅读，也易于携带、便于收藏。

图 2-1-27

在国外印刷术发明之前，书的出版复制都是以手抄本的形式完成的。当时，抄书人制作手抄本时，偶尔会在每个章、节或者段落的开始用木头做的浮刻大写字母压印在纸上。然而，这种木版雕刻也源自中国。它的制作方法就是在一块雕刻了图案或者文字并且凸出的木板上着油墨，然后覆盖上纸进行拓印。在15世纪的欧洲，木版雕刻大部分为宗教题材。而这一时期由于全开纸拓印的局限性，四开的小册本就出现了，并渐渐发展成为一种书籍类型。与此同时，书籍的装帧艺术也得到了极大的发展。当时的教堂和宗教将文字和书籍看得相当重要，认为书籍是神的精神容器，经常不惜费用加以装饰。书籍封面起着保护装饰的作用，材料多选用皮质，有时配以金属的角铁、搭扣使其更加坚固。黄金、象牙、宝石等贵重材料也经常用于装饰封面，昭示着书籍所有者的社会地位。这使西方很早就确立了坚实华丽的"精装"书籍传统。（如图2-1-28至图2-1-30）

图 2-1-28　精美的古书

图 2-1-29　精装古书籍

图 2-1-30　木刻版

纸的出现，才促使印刷技术得以发明以及创造。造纸术由中国在公元 2 世纪初发明的，而大约在 13 世纪，才经由阿拉伯传入西欧国家。不过到了 15 世纪初，纸张才开始被广泛使用。因为当时纸张的基本成分为破布，与之前使用的羊皮纸具有不同的表面特质，并且它比较脆弱，容易破损。起初只被当成劣等羊皮的替代品不被重视，一直到 14 世纪晚期的时候，纸张在许多用途上的优势才开始渐渐地显示出来，并且能大量生产，至此，才开始被广泛使用。（如图 2-1-31）

图 2-1-31

但是随着欧洲航海业的发展，各地域的交流逐渐频繁，经济和文化迅速发展，人们的视野也开阔起来。人们对书籍的需求也随之增大。这些都在客观上刺激着欧洲现代印刷术的发明，各个国家都在积极探索新型的印刷方法。

欧洲印刷的真正起点与活字印刷的发明紧密相连。直到 15 世纪，真正把活字印刷技术发展完善的是一位叫作约翰·谷登堡的德国人。他于 1448 年前后发明用铅合金制成活字版，他被誉为金属活字印刷术的发明者。其实，活字印刷术在中国早已出现。活字印刷术是在 11 世纪中期，中国北宋庆历年间（1041—1048年）天才工人毕昇所发明的，是先用木、后以泥为原料制成的。这是世界上最早的活字，它比谷登堡应用的活字早 400 多年。谷登堡活字印刷的原理是把很多金属活字组合在一起，工人可以随意挑选文本所需活字。

1454 年，谷登堡运用金属活字印刷术，印出完整的书籍——《四十二行拉丁

文圣经》。（如图 2-1-32、图 2-1-33）

图 2-1-32

图 2-1-33

　　这是第一本因其每页的行数而得名的印刷书。这本书也是活字印刷史上一个决定性的里程碑，具有跨时代的意义，从此欧洲走向了从手抄本到印刷本的过渡时期。此时，书的文字印刷完成后，还要插入图画与各种装饰，可以说并不算最终完成。这就要靠手工绘制上装饰如首写字母和框饰等，并加上标点符号。还要运用带有插图的木版，因为开始时活字版与木版是分开印刷的，后来为了提高工作效率，木版便被插到活字印版中一起印刷。（如图 2-1-34 、图 2-1-35）

图 2-1-34

图 2-1-35

　　摇篮本是专指自 15 世纪 50 年代至 15 世纪末这一期间，印行的早期活字印刷文献的称呼。摇篮本在字体、标点符号、版式及纸张等方面均与后来的印刷物有所不同。17 世纪中叶，欧洲开始收藏摇篮本，18 世纪晚期在英国达到高潮。摇篮本仍保持手抄本题材，字首均留空白以红字填写或装饰花边，刊记都在末页而没有表题页，甚至许多没有刊印年月、刊印者名字、页码等项。书本早期较大，多为对开本（folio）或大型四开本（large quarto），携带较为方便。其时各印刷者所用活字都自铸，有自己独特字体。其中比较有名的有谷登堡等人的哥德体（Gothic）。（如图 2-1-36）

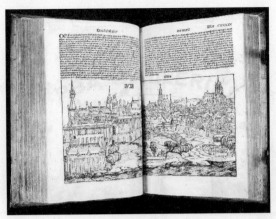

图 2-1-36

文艺复兴是 14 世纪在意大利兴起 16 世纪在欧洲盛行的一个思想文化运动。而在 15 世纪末开始，德国的印刷以及设计方法流传到欧洲各国，使欧洲在这个时期的书籍设计得到了高速发展，其中以平面设计和字体设计最为突出。欧洲新生的资产阶级逐步取代教会在艺术与文化领域上的地位，其显著特点是人成为社会生活与艺术的核心，而对神的歌颂与肯定逐渐弱化，书籍成为大众的阅读品而不仅仅是宗教的专利。文艺复兴时期，人文主义者从中世纪的传统中解放出来，挽救并恢复古典理论文本的原貌，修编后重新发行。这样便与出版商和印刷商紧密合作，使图书业产生了一次质的飞跃。这一时期，各国的印刷技术与印刷方法都在不断改进和提高。

在文艺复兴的中心意大利，书籍装帧大量地采用花卉图案，卷草图案广泛运用在书本中。而在版面的组织和编排方面，书籍的版面设计逐渐取代了木刻制作与木版印刷，文字和插图可以灵活地排放在一起。书籍出版业的繁荣促进了相关设计的发展，涌现出了许多杰出的书籍设计家、插图设计家、版式设计家、字体设计家，书籍出版商标相应成形，标点符号、页码标示广泛使用，使购买者与阅读者易于确认和查找。（如图 2-1-37、图 2-1-38）

图 2-1-37

图 2-1-38

阿杜斯玛努提斯是文艺复兴时期意大利书籍出版业的重要人物，他拥有自己的印刷厂，印刷出版了许多涉及宗教、哲学的书籍。他所出版的书籍中插图运用较少，都集中于文字的排版。首写字母的装饰是主要装饰，往往采用卷草纹饰环绕首字母，在版面的整体中求变化。

2.2 近代书籍设计的发展

2.2.1 中国近代书籍设计

20世纪初，我国书籍出现了平装本和精装本，书籍装帧方法在结构层次上发生了变化。这是因为西方的现代印刷技术促使我国的书籍装订工艺出现了巨大转折，由线装本向以工业技术为基础的装订本转变。封面、封底、扉页、版权页、护封、环衬、目录页、正页等新的书籍设计名词出现在中国书籍设计的历史中。

1919年五四运动前后，新文化运动使中国文化出现了新的高潮。书籍装帧艺术进入一个崭新的时代，得到了较大的发展。新文化运动提倡科学和民主，打破一切陈规陋习，从技术到艺术形式都用来为新文化的内容服务。书籍作为文化传播的载体，自然吸引了大批艺术家参与到书籍装帧工作中。

鲁迅先生站在中国书籍艺术革新运动的最前沿，是现代书籍艺术的倡导者。他亲身实践，设计了数十种书刊封面。鲁迅先生对封面设计，从一开始就不排斥吸收外来影响，更不反对继承民族传统，尊重书籍设计者的个人创造和个人风格。他对于民族的书籍艺术有很深的研究，同时也能吸取国外书籍艺术的精髓。他提出"天地要阔，插图要精，纸张要好"，这是他对书籍设计的基本要求。

由于鲁迅先生的倡导，书籍艺术出现了一个繁荣的时期。许多画家和作家参与了书籍设计和插图创作，如陶元庆、闻一多、司徒乔、王青士、钱君淘、孙福熙、陈之佛、丰子恺等人。

1949年以后，出版事业的飞跃发展和印刷技术与工艺的进步，为书籍装帧艺术的发展和提高开拓了广阔的前景。出版总署在北京成立，统一领导全国的出版、印刷和发行工作。中国的书籍装帧艺术呈现出多种形式、风格并存的格局。1956年，中央工艺美术学院专门成立了书籍设计专业，由著名的书籍设计艺术教育家邱陵主持，为书籍设计事业培养了大批优秀的后续力量。

进入20世纪80年代，改革开放政策极大地推动了装帧艺术的发展。国内外文化艺术交流的增多，带动了国内学术思路的更新，书籍设计呈现一片繁荣景象。这一时期出现了大量优秀书籍设计作品，如邱陵的《红旗飘飘》、陶雪华的《神曲》等。

20世纪90年代以后，大量国外优秀书籍设计刊物被翻译出版，极大地开阔了书籍设计的视野。同时，现代设计观念和现代科技的积极介入，我国的书籍装帧艺术水平越来越高，逐渐走向国际。同时，在借鉴外国设计形式以及传承民族传统设计元素方面，我国的设计工作者也做了大量的研究和努力。（如图2-2-1至图2-2-10）

图 2-2-1 《红旗飘飘》

图 2-2-2

图 2-2-3

图 2-2-4

图 2-2-5

图 2-2-6　陶雪华

图 2-2-7

图 2-2-8

图 2-2-9

图 2-2-10　陶元庆作品

2.2.2　国外近代书籍设计

现代工业的发展带来了书籍生产以及设计格局的重大转变。在工业化、民主政治和城市化浪潮的推动下，19世纪的书籍由传统的手工业转为出版社的机械化生产，印量成倍增长。同时，报纸和杂志的发行量也猛增，从而出现了大众传播的社会现象。但是大工业生产同时带来了很多问题，分工的细化以及资本家单纯地为了追求利益，致使书籍设计失去了原有的质量，呈商业化设计趋势。在这种情况下，许多艺术家便投入了书籍艺术的革新运动中，他们的共同愿望是反对当时正在泛滥的文化虚无主义，这场设计运动首先从书籍的印刷字体开始，在版面设计中展开，逐步扩大到插图艺术和封面设计上。

1.英国的工艺美术运动

工艺美术运动（the Art & Crafts Movement）是19世纪下半叶起源于英国的一场设计改良运动。工艺美术运动产生的背景是，工业革命以后大批量工业化生产和维多利亚时期的烦琐装饰两方面同时造成的设计水准急剧下降，导致英国和其他国家的设计家希望能够复兴中世纪的手工艺传统。书籍设计可谓是"工艺美术"运动比较有成就的一面，以威廉·莫里斯为代表的工艺美术运动设计家带动了革新书籍艺术的风潮，在他的影响下，戴依、杰西·金等设计大师，创作了各种精美的书籍。他们致力于设计漂亮的字体，讲究的版面、图案以及插图设计。无论在字体，还是插图、版式方面都形成了独特的风格，影响了很多后来的平面

设计家和插图画家。（如图 2-2-11、图 2-2-12）

图 2-2-11　莫里斯作品

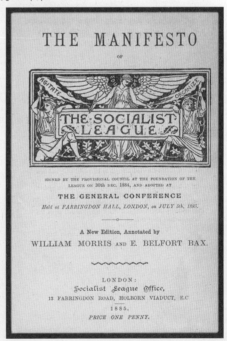

图 2-2-12　莫里斯作品

2. 新艺术运动

新艺术运动（art nouveau）开始于 19 世纪 80 年代，在 1890 年至 1910 年达到顶峰。装饰艺术运动是传统设计与现代设计之间的一个承上启下的重要阶段。其中包括：因时髦的先锋派期刊《青年》而得名的德国青年风格，维也纳的维也纳分离派运动，等等。艺术运动以自然风格作为自身发展的依据，强调自然中不存在直线在装饰上突出表现曲线和有机形态。这种风格中最重要的特性就是充满有活力、波浪形和流动的线条。这种风格影响了建筑、家具、产品和服装设计，以及图案和字体设计。

　　新艺术运动在书籍设计方面取得成果最多的主要是德国青年风格派和维也纳分离派。德国青年风格派最具有代表性的人物就是彼得·贝伦斯，他设计了一种新颖的字体，从而使当时德国杂乱无章的书籍版面得到了安定。而维也纳分离派的设计大师莫塞，他的书籍装帧、插图的设计，多以黑白色为主，明快、大方，更接近现代主义风格，其美学观点比其他人更加前卫与理性化，体现出欧洲设计从摆脱传统到走向现代的过渡风格，影响深远。（如图 2-2-13 至图 2-2-15）

图 2-2-13

图 2-2-14

图 2-2-15

3. 现代主义运动

现代主义设计是从建筑设计发展起来的。20 世纪 20 年代前后，欧洲一批先进的设计家、建筑家形成了一个强力集团，推动所谓的新建筑运动。这场运动的内容非常庞杂，其中包括精神上的、思想上的改革，也包括技术上的进步，特别是新的材料的运用，从而把千年以来设计为权贵服务的立场和原则打破了，也把几千年以来建筑完全依附于木材、石料、砖瓦的传统打破了。继而，从建筑革命出发，又影响到城市规划设计、环境设计、家具设计、工业产品设计、平面设计和传达设计等等，形成真正完整的现代主义设计运动。其中，德国现代主义设计运动、荷兰风格派运动、俄国构成主义运动等都是现代主义设计旗帜性的代表。

俄国构成主义的代表人物是李希斯基，他的设计风格简单、明确，以简明扼要的纵横版面编排为基础。李希斯基代表性的书籍设计是儿童画册《两个正方形的故事》和马雅科夫斯基的《拥护》。书籍版式呈现出明显的构成主义风格，每一页的版式在编排中力求协调统一，使读者能够轻松地完成读书过程。（如图2-2-16、2-2-17）

1917—1928年，蒙德里安等人在荷兰创立荷兰风格派。其宗旨是完全拒绝使用任何具象元素，只用单纯的色彩和几何形象来表现纯粹的精神。用来维系这个集体的是当时的一本杂志《风格》，它的设计特点与构成主义的编排方式相似。因为《风格》杂志具有风格派运动的特色所以它成为运动思想和艺术探索的标志。（如图2-2-18）

德国现代主义设计运动的代表是以瓦尔特·格罗皮乌斯为首开办的包豪斯设计学院。包豪斯设计学院的成立标志着现代设计的诞生，它培养了大量的建筑、产品、平面设计等各类人才，对世界现代设计的发展产生了深远的影响。包豪斯的平面设计基本是在荷兰的"风格派"和俄国的"构成主义"双方的影响下形成的，因此，具有高度理性化、功能化、简单化、减少主义化和几何形式化的特点。突出贡献的重要人物是莫霍里·纳吉和赫伯特·拜耶。

莫霍里·纳吉是大量采用照片拼贴和抽象摄影技术来从事书籍设计的先锋人物之一。他有大量的设计作品，书籍设计尤为突出。他的设计强调几何结构的非对称性，完全不采用任何装饰细节等，具有简单扼要、主题鲜明和时代感等特点。他还擅长把自己对现代设计的理解和研究成果转化到设计作品中，如对现代印刷字体的创造与运用、电影的蒙太奇手段、摄影作品的拼贴等。他注重空间比例分割、色彩的对比调和、抽象的构成方法、构成文字化图形的结合，简洁鲜明，达到了迅速传达信息的效果。

赫伯特·拜耶负责包豪斯的印刷设计系，拜耶的设计风格常常是由强烈的视觉形象，几行斜的印刷字体，点、线、面合理分割画面，水平线、垂直线、斜线等组成的动态构图，以非对称的形式所构成的。20世纪20年代末，他成为《时髦》杂志的艺术设计总编，开始投入商业刊物的平面设计工作，并且开始广泛采用刚刚出现的彩色摄影来设计封面和插图。《时尚》杂志1930—1936年的风格被称为"新线"，这个风格的创造人就是拜耶。

包豪斯出版的校刊《包豪斯》成为包豪斯现代平面设计试验的园地。这份刊物的大部分封面和版面设计都是由纳吉主持设计的，拜耶也参与了大量的具体设计工作。这份刊物的设计广泛采用了无边饰字体、简单的版面编排、构成主义的形式，突出了现代平面设计的功能性特点。（如图2-2-19至图2-2-21）

图 2-2-16

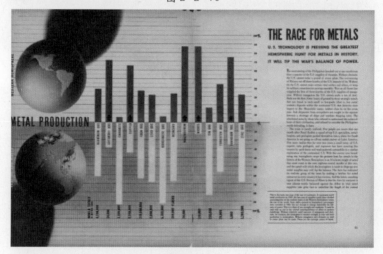

图 2-2-17

图 2-2-18

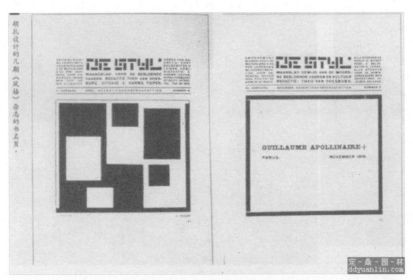

图 2-2-19 《风格》杂志

图 2-2-20

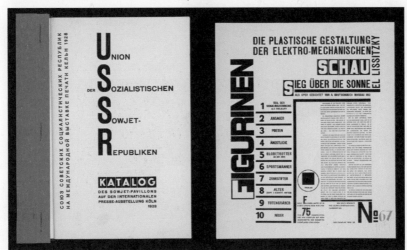

图 2-2-21

第3章 书籍的形式语言

书籍装帧设计是书籍的整体设计，书籍由内到外，随着阅读者的视觉流动，看到的每一个视觉要素都要进行精心的设计，既包括书籍外部形态的设计，又有书籍内部形态的设计。书籍外部形态的设计主要包括函套、封面、书脊、勒口、切口等设计，书籍内部的形态设计包括环衬、扉页、目录、版权面、页码、书眉、正文版式、插图等设计。除此外还包括开本的设计、纸张的选择、印刷装帧形式及工艺等各个环节的设计。在书籍装帧设计中，只有从事整体设计的才能称之为装帧设计，只完成封面或版式等部分设计的，只能称作封面设计或版式设计等。

3.1 书籍外部形态的构成要素

3.1.1 函套设计

函套又称"书函""书衣""书帙"等，是指装成套书或古籍书外面的壳子。函套一般用厚纸板裱以布，随着书的大小或厚薄而制。函套设计的目的是用来保护书籍以及使书籍携带方便。（如图3-1-1至图3-1-5）

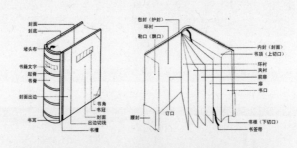

图3-1-1 外部形态构成要素

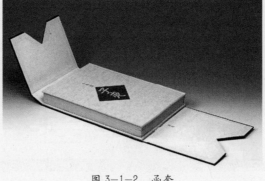

图3-1-2 函套

图 3—1—3 函套

图 3—1—4 函套

图 3—1—5

3.1.2 护封设计

德国书籍艺术家 F.H. 埃姆克教授提出了这样的观点，他说："一百多年来在法国流行的平装本，外面有一张卷裹起来的黄色纸张，这就是护封的起源。"可见护封是书籍的一个重要组成部分。护封也叫"封套""护书纸"等，是书籍封面外的包封纸。护封的第一个重要任务是保护封面在运输和销售的过程中，免受一定程度的磨损；另一个任务是可以装饰书籍。护封上要出现的文字有书名、作者或译者名、出版社名等。护封既起到保护书籍的作用，又增强了书籍的艺术感，提高了档次，更有助于书籍的销售。

护封是一张扁方形的印刷品，它的高度与书相等，如果把护封的高度多出 1 至 2 毫米，还可以减少被扯破的危险。而长度要能包裹住封面、书脊和封底，并在两边各有一个 5 到 10 厘米的向里折进的勒口。护封的纸张应该选用质量较好的不易撕裂的纸张。（如图 3-1-6 至图 3-1-8）

图 3-1-6

图 3-1-7

图 3-1-8

3.1.3　封面设计

封面也称"书面""封皮"等，指书的正面部分，其中包括书名、著（译）作者姓名、出版社名以及与图书内容相关的图片和文字等。通常封面设计连同书脊、封底、勒口等部分同时完成。封面设计者通常被界定在固定的版面中，是一种介于创作与商业的艺术效果。

无论哪种类型的书籍，它的封面都属于产品的包装，必须具备宣传产品的功能。因此，在设计书籍封面时要做到极具竞争力。每一本书都被数以百计的类似书籍包围。好的设计必须能抓住潜在的阅读者的注意，并能迅速而清晰地告诉读者关于该书的内涵。

针对不同的材料，书籍封面的设计也有所不同。常规的纸质材料通常采用印刷或是烫压的方法处理，皮质或布料的精装书可用烫金、印压的方法处理文字和图形。无论精装书的封面使用哪种材料，它的里面都有硬纸板，并在上下切口三面都大于版心 3 毫米左右用来保护正文。

现代书籍的功能不同于中国传统书籍的首要之处，就是书籍封面的角色变化，现代书籍封面被赋予了更多的视觉宣传的使命。而且，封面设计几乎被当作中国早期书籍设计的唯一内容。绘画方式是当时获得书籍封面视觉形象的最常用手段。为了满足封面的图像化表现需要，中国人把所能接触到的西方视觉文化艺术的各种形式，不论是来自德国与法国，还是英国与美国，不论是古典主义的还是现代主义的，都作为整体当作西方化、现代化的符号。

对于书籍的封面设计来说，书籍以何种方式与读者沟通，是最重要的事情之一，如杂志是卖给消费者的，那刊头的设计就是至关重要的。封面设计应根据书籍内容进行有针对性的设计。专业理论性的书籍，封面设计宜简洁严肃，不用过多的美化处理，以文字的排列组合为主。文学、历史、哲学等社科类用于典藏的书籍，封面设计以庄重典雅的形式为主。工具类的应用型书籍读者面广、使用频率高，封面设计上不宜太个性化。小说、诗歌、散文等文学作品有读者面广、效性较强等特点，封面应采用多样化的设计方式。儿童读物的封面设计，为体现儿童天真活泼的性格特点，大多图形生动、色彩绚丽，开本设计也可呈现不规则变化。

对于书籍的封面设计来说，以上所有的元素都对最终的设计效果产生戏剧性的影响。优秀的封面设计并不在于怪异的字体和复杂的版式，它应尽可能简洁地向读者以恰当的方式传递恰当的信息。（如图 3-1-9 至图 3-1-11）

图 3-1-9

图 3-1-10

图 3-1-11

3.1.4 书脊设计

书脊也称作"封脊""书背"，即封面和封底的连接处。书脊是书籍成为立体形态的部位。书脊上一般印有书名、作（译）者、出版社等内容。通常精装书的书脊部位有各种不同印刷工艺处理的装饰纹样或图案。书脊上的书籍名称设计应简洁清晰，以方便读者查阅。

日本书籍设计家杉浦康平先生说："书脊是编辑的领地，是给封面作画的画家不会被请到的地方。我拿到杂志看成是纸张的聚集。在学建筑的人的眼里，毫无疑问，它是三维的实体。即，虽然仅仅是一沓纸，却是一个立体物。如果是建筑，直立的部分即为立视图或外观，本来相当于建筑物的正面。即建造有入口的，仰视时建筑的脸面。既然如此，对这个厚度岂有不好好利用之理？"

德国书籍设计师汉斯·彼得·维尔堡在《发展中的书籍艺术》一书中写到"一本书籍一生百分之九十显露的是书脊而不是别的"，可见书脊设计对于书籍的重要性。书籍摆放在书架上，与同类的书籍相比，应该有突显性，能在第一时间被找到。可见，书脊的设计除了具有艺术装饰功能以外，更多的是具有实用功能，这种实用功能体现在便于读者在众多的书籍中查阅。

中国的书脊设计通常是按由上至下的顺序排列文字。为方便检索，书名的字号和字体都较为突出，或是在印刷工艺上采用突出的色彩。由于选用的纸张不同，书脊的厚度也对应有所不同。在设计书脊时应当计算好纸张的厚度和张数，以确定书脊的宽度。（如图 3-1-12、图 3-1-13）

图 3-1-12

图 3-1-13

3.1.5 封底设计

封底也被称作"底封""封四"，是书籍的最后一面。封底是封面的延续，通常封面上的图案和文字被延续到封底。图书在封底的右下方印书号和定价，期刊在封底印版权页，或用来印目录及其他非正文部分的文字、图片。

封底是封面和书脊的视觉延续，在设计上要有一个统一的设计构思，进行统一的规划和布局，使封面封底和谐一致。

早期的平装书在外观上大多数只是在封面上做文章，运用了图像的表现形式，而封底一般都被空着，或有的只是简单地印上某个出版社的标记，杂志的封底一般印有广告。（如图 3-1-14、图 3-1-15）

图 3-1-14 图 3-1-15

3.1.6 封里和封底里设计

封里又称"封二""里封",是指封面纸朝向书心的一面,通常是空白的。封底里称作"封三""里底封",是封底纸朝向书心的那面,通常也是空白。有些书籍利用封底里印后记或正文。

一般书的封里是没有设计的,有些书籍为保持视觉的统一性,将封里、封底里和环衬用相同的纸张制作。期刊中的封里都印着美术作品,起到承前启后的作用。封里和封底里属于书籍整体设计一部分,作为翻开书籍的第一页和看完书籍的最后一页,它的好坏直接影响到读者对书的印象。(如图 3-1-16)

图 3-1-16

3.1.7 勒口设计

勒口又称为"折口",是指书的封面和封底的书口处再延长若干厘米,向书内折叠的部分,前者称"前勒口",后者称"后勒口",也称作"飘口",其宽度一般不少于 30 毫米。勒口上通常印有书籍介绍、作者介绍、内容提要等内容。

勒口是护封连接内封的一个必要过渡,作用是增加封面、封底外切口的厚度,以使幅面平整,并且保护书心和书角。勒口设计一般与封面、封底同时进行,和封底一样,要同封面设计一同构思,统一规划和布局,以使各部分和谐统一。(如图 3-1-17、图 3-1-18)

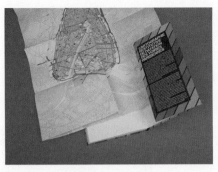
图 3-1-17

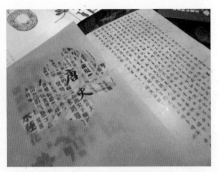
图 3-1-18

3.1.8　腰封设计

腰带也被称作"腰封""套环"，指环绕在一本书或一套书腰上的狭长条。一般腰带上印有作者简介、内容简介或简短的广告宣传语。（如图 3-1-19）

图 3-1-19

3.1.9　环衬设计

环衬是连接书芯和封皮的衬纸。当书籍打开正反面封面，总有一张连接封面和内页的版面，叫作环衬，目的在于使封面和内芯牢固不脱离，同时保护书心不易脏损。

在封面之后、扉页之前的称为"前环衬"，在书心之后、封底之前的称为"后环衬"。一般的书前后环衬是相同的，环衬具有承上启下的作用，它由封面至内页在视觉上起到过渡的效果。

精装书的环衬设计很讲究，通常采用抽象的肌理效果、插图、图案来表现，其风格内容与书装整体有一定的联系，但不要求表现主题。色彩相对于封面更淡雅，图形的对比相对弱一些。有些环衬可以运用纹样装饰，产生统觉效果，在视觉上产生由封面到内心的过渡。环衬的设计要与书籍的整体风格相统一，正如法国启蒙运动哲学家狄德罗所说的"美在于关系"，环衬的设计就是在处理它与封面、内页的关系，这种关系是多层次、多因素的。

环衬是书籍的一扇窗子，通过窗户能认识内部的枝繁叶茂。不同的书籍环衬设计的效果也各不相同：平装书和简装书的环衬通常采用插图、照片或文字来表现；精装书的环衬设计多采用抽象的肌理效果或四方连续纹样，其风格应与整本书装的效果保持一致。环衬色彩的设计较封面设计应有所变化，图形的对比也应比封面更弱，形成由外至内的视觉效果。（如图3-1-20、图3-1-21）

图 3-1-20   图 3-1-21

3.1.10　切口设计

切口指的是书籍除订口之外的三个边。中国古籍中称与书脊相对的部分叫"翻口"或"书口"，也叫"外切口"，上方切口叫"书顶"或"书首"，下方切口为"书根"，它们对书籍整体性起到至关重要的作用，因此切口的设计也是书籍整体设计的重要环节之一。今天切口设计已经成为设计师们施展才华的新阵地。越来越多的书籍设计者开始在读者翻阅书籍时直接触摸到的切口部分巧思经营。最为经典的是曾获"中国最美的书"奖项的《梅兰芳全传》，吕敬人先生精心对书的切口进行了设计。将《梅兰芳全传》端在手中，向右轻捻开，切口出现是梅兰芳的生活照；向左捻开，则是梅兰芳的舞台照。轻轻一翻间，就仿佛翻过了梅兰芳的一生，可见"切口"既可生出形式美感，也同样浓缩了内容的精华（如图3-1-22）。当然还有吕敬人先生的老师杉浦康平先生1979年设计《全宇宙誌》也堪称经典之作（如图3-1-23）。

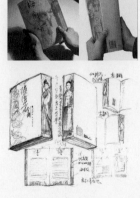

图 3-1-22   图 3-1-23

3.1.11　书签带

书签带一般用丝织品制成，是粘贴在书刊天头、书背中间的，长出部分夹在书芯内，外露在地脚下，作为阅读至某一地方的标记。书签带宽度与颜色各有不同，一般红色居多，其尺寸比书刊成品的对角线多 20 毫米左右，粘在书背上 10 毫米，露在下面 20 毫米左右。

书签带的宽度应根据书刊本册的厚度、开本幅面不同而定，一般厚度大、开本大的可选用宽丝带，反之可用窄些的。颜色应与书刊封面颜色相匹配并力求恰如其分。书签带虽小，但属外观装饰材料，影响外观效果，所以不可忽视。

3.1.12　堵头布

堵头布，也称花头布、堵布等，是一种经加工制成的带有线棱的布条，用来粘贴在精装书芯书背上下两端，即堵住书背两端的布头。堵头布的作用：一是可以将书背两端的书芯牢固粘连；二是装饰书籍外观。堵头布的常用颜色为白色。为了装饰书刊外观，可根据书籍档次、封面颜色等，选用不同质地和颜色的堵头布，一般情况色差不宜过大，应与护封及书的内容、品级等相适应。

3.2　书籍外部形态的视觉要素

美的形式分为内在和外在，内在即内容，外在即内容借以现出意蕴和特性的东西。内在显现于外在，外在认识内在。书籍设计也一样，首要任务就是通过外在形式给读者创造一个美好的第一印象。其次，引导读者去探究书的内容的意蕴和特性，形成富有意味的第二印象。

3.2.1　文字的韵律感

文字的设计是将写下来的观念变成一种视觉化的形式。文字作为书籍封面最主要的视觉要素之一，它的设计能够直接影响读者感知的方式。不同的文字具有不同的个性，它们是传递作者感情的最直接的方式。封面的文字是一副独特的图像，或随和，或权威，或谦逊，读者一眼便知。

封面文字被设计出来，在设计师的思路里必有其特殊的功能。通常，封面设计的字体可以使用引人注目的奇特字体，但是易读性对于设计师来说是需要考虑的重要方面。设计师在设计一种出版物时运用不止一种字体，为保持书籍视觉的连续性，字体可使用具有同种特征的同家族中的变体字体。

在书籍设计中，字体是一种有力的工具。许多美丽的书籍就是凭借字体的力量创造出来的。书籍设计封面中的文字设计常采用变体美术字，它主要指汉字和拉丁字母经过夸张解构等装饰手法形成的一种字体。这种字体在一定程度上摆脱了字形和笔画的束缚，使要表达的文字更加具有装饰性和感染力。

在进行文字设计时，要注意文字的直观效果。字体的形态应与图形、色彩等因素相吻合。将印刷字体作为书籍名称，有利于读者识别，给书籍设计增加美感。（如图 3-2-1 至图 3-2-3）

图 3-2-1

图 3-2-2

图 3-2-3

3.2.2 色彩的旋律

人们从出生便能辨认色彩并对其产生反应。色彩本身没有感情，但是不同的色彩能引起人们的心里联想，并与我们的情感联系起来，我们对不同的色彩所产生的联想会伴随我们的一生。在书籍的外观设计上，色彩是书籍设计师所能运用的重要手段之一。色彩可以用来传递不同的情感，能瞬间吸引注意和发出警告。

"远看色，近看花"，在人们的意识形态中，色彩具有先声夺人的效果。在进行书籍封面色调选择时，应首先研究读者的心理，从性别、年龄、民族性、流行性等方面做出正确的定位。王羲之之语"实处就法，虚处藏神"，色彩的布局应注意虚实的变化。虚与实、轻与重的关系就如同太极图一样，虚实相生，形成形、势。

在书籍设计中，色彩有多种用途，或是强调信息，或是引出某种特定的情感反应，通过色彩的运用都能达到这些目的。许多成套的书籍设计中，书籍封面常用色彩标记，通过色彩标记索引系统，以方便读者找到自己所需要的书籍。传统纸质印刷品采用的是最普通的四色印刷法，即 CMYK（青、品红、黄、黑）。

色彩能够形成有力的认同感。在进行杂志的刊头设计时，色彩常常是老读者立刻识别出来的一个标志。在书籍封面设计中，色彩的运用应当与书籍内容的精神相吻合，使其相得益彰。

在设计中处理好色彩——黑、白、灰的关系就会产生不同的节奏感。色彩结合字体、图像形成色彩的合理搭配，更加发挥书籍外部形态的视觉艺术效果，给读者创造一个合理舒适的阅读空间。

合理地使用色彩能强化书籍封面设计的整体视觉效果，能够深刻反映书籍的内涵，提升书籍的审美空间。（如图 3-2-4 至图 3-2-6）

图 3-2-4

图 3-2-5

图 3-2-6

3.2.3 图形的象征性

图形以象征性为目标的造型形态，以相对独立的造型表达某种特定的含义。图形设计是书籍封面设计中的重要组成部分，在任何书籍的视觉识别中，图形都起着不可或缺的作用。

图形作为文本的辅助性元素能够改变书籍的美学诉求。早期的书籍设计，通过绘画产生的图形是当时获得书籍封面视觉形象的最常用手段。

封面图形能在第一时间内传递信息，所以图形通常被用来展示文本无法表现的内容。将图形融入设计的时候，要考虑图形的质量，特别是封面上出现的图形的好坏，会直接影响整本书籍的质量。

图形的主要功能是传达信息，在设计图形时，要考虑人们对新奇事物的渴望和对美的追求。一个新的图形设计要考虑是否能被读者所接受，如果不能被读者接受则失去了传达的功能。图形设计既要能让人们接受，又要有所创新。因此图形设计应研究人的心理、生理和社会等现象，站在被传达者的立场关注其内心需求，并寻求共识，用正确的图形表现书籍的内涵。

书籍封面设计中的图形设计是有目的性的。在设计图形时，要考虑传达的准确性、表现的艺术性和对象的理解力等方面。通常图形可分为可视形态和观念形态，可视形态又分为自然形态和人为形态。自然形态指自然界和生活中所见的一切自然生成的形态，这些形态经过夸张、解构、变形等手法的设计可以变成图形设计的主要素材。人为形态是指一切经过人的主观行为产生的形态。观念形态是一种不可视的形态，指视觉和触觉不能直接感受的形态。观念形态是人类从自然界和生活中提取出来的，存在于人的意识之中。

因此，在图形设计时，设计师要对于各种形态有精确的洞察力和思考力，并训练对于各种形态的敏感程度，这样才能设计出符合书籍内容的图形。

书籍封面上的图形包括摄影和插图等，这些图形有抽象的、写实的和写意的。科普、建筑和生活等读物的封面上，一般运用具有科学性和说明性的具象的图形。写实手法的图形一般应用于少儿读物、文艺类和科技类的封面上。写实的图形直观、易让人理解。文学类的书籍常用写意的手法表现内容，以获得与书籍内涵相符合的情感，这种表现形式能让封面的图形具有艺术性和趣味性。（如图3-2-7 至图 3-2-10）

图 3-2-7 　　　　　　　图 3-2-8

图 3-2-9

图 3-2-10

3.3 书籍内部形态设计

3.3.1 书籍扉页设计

扉页又称书名页，是书籍书芯部分的首页，起着保护正文、重现封面的作用，可以说是封面的延续，也是使读者心境平复，逐渐进入到正文阅读的过渡部分。它不仅仅作为一种装饰存在，也是对封面文字内容的补充说明。作为书籍设计中的重要元素之一，扉页常包含书名，著、译、编者等相关信息。

扉页承担了由封面到内容过渡的视觉节奏变换和心理缓冲的作用，扉页的设计应当与封面的风格保持一致。扉页多采用单色印刷，设计重点集中于书名文字与其他信息编排，有的沿袭封面书名用字，但字体要略小，有的则根据封面、环衬内容重新进行设计。随着人们审美水平的提高，扉页的质量也在提高，人们采用高质量的彩色纸进行印刷，甚至为了强调肌理效果而采用清香味的肌理纸，附些装饰性的插图设计等。真正好的扉页设计应该简洁明晰，在传达其作用的同时避免与封面设计产生重叠。

还有一种广义上的扉页概念，指的是 8 个页码组成的扉页体系，这个体系包括护叶、空白页、书名页、版权页、馈赠页（感谢语、题词等）、空白页、目录页、目录续页等。一般不用于普通书籍中，而用在排版比较考究的古籍中，比如学术专著、高档画册等。（如图 3-3-1 至图 3-3-4）

图 3-3-1

图 3-3-2

图 3-3-3   图 3-3-4

3.3.2 书籍版权和目录设计

1. 版权页设计

版权页是每一本书诞生的历史性记录，也被称之为"版本记录页"。通常在扉页的反面或是正文后面的空白页的反面，其多记载书名、丛书名、著者、编者、译者、出版者、发行者和印刷者的名称及地点、书刊出版营业许可证的号码、开本、印张和字数、出版年月、版次、印次和印数、国际标准书号和定价等。其作用是便于发行机构、图书馆以及读者查询，也是国家检查出版执行情况的直接材料。版权页文字字体较正文略小，设计简单朴素。版权页的设计运用线条分栏和装饰，讲求书籍与整体的一体化设计。（如图 3-3-5 至图 3-3-9）

图 3-3-5

图 3-3-6   图 3-3-7

图 3-3-8 图 3-3-9

2. 目录页设计

目录页是全书内容的浓缩和集中体现，通常放在正文的前一页。目录页起到给阅读者提供书籍内容索引的作用。通过目录，读者可以迅速地大致了解书籍的基本内容。目录的主要内容为全书各章的标题和相对应的页码。

目录页设计以条理清晰、便于查找作为设计基本准则。目录页的设计字体大小与正文一致即可，在章节处可以略大或者利用加粗字体。目录的编排形式大概有以下几种：左对齐、右对齐、居中、左右齐，线条、色块作为分隔等。目录在设计上要统一于书籍整体设计思路，力求在统一中求变化，可以提高书籍的整体档次。但是目录页的设计长期得不到重视，字体均以宋体或黑体的横排出现，按照顺序排列，显得呆板。其实书籍设计者完全可以通过目录设计来体现全书的情感脉络，彰显书籍的不同之处。所以在书籍目录的设计上需要一番斟酌，增加审美意识，提高视觉传达的识别性。（如图 3-3-10、图 3-3-11）

图 3-3-10 图 3-3-11

3.3.3 书籍内页设计

书籍的内页设计是整个书籍设计的重点，由版心、天头、地脚、页眉、页码、字体、插图等构成。这些部分共同构成书籍的核心内容，传达书籍的精神内容。

1. 版心设计

我们常说的版心是指每一版面上容纳文字或图形的基本部位，版心在版面上所占幅面的大小能给予读者不同的心理感受。版心的大小，要根据书刊的性质、内容、种类和既定开本来选择确定。例如：实用型、通俗型书刊和经济型小开本书刊，版心不宜过小，以容纳较多的图文内容；如画册、影集为了扩大图画效果，宜取大版心，乃至出血处理；而休闲类、美术类、随笔类、诗歌类等中型开本的书刊，周空可以较大一些。图可根据构图需要，安排大于文字的部分，甚至可以跨页排列和出血处理并使展开的两面取得呼应和均衡，让版面更加流畅自然，给读者的视线带来舒展感。（如图 3-3-12 至图 3-3-15）

图 3-3-12　　　　　　　　　　　图 3-3-13

图 3-3-14　　　　　　　　　　　图 3-3-15

版心在版面上的比例、大小及位置与版面的内容、体裁、用途、阅读效果等有关系。每个版面都有两个中心：一个是视觉中心，一个是几何中心（对角线的交叉点）。从视觉传达效果上讲，版心在版面页上偏上，也就是视觉中心较为合适。版心设计取决于所选的书籍开本，设计版心也是有一定规律可循的：

（1）在双页和单页各拉对角线，在对角线上任意选其一点，画平行线和垂直线，可以任意设定版心范围。

（2）将开本的对角线分为 9 份，取其中 2~7 的 6 份作为版心，画平行线和垂直线，用对角线九分法确定版心的位置。

（3）将开本划分为 9 等份网格，以一个 1/9 宽度作为内白边，两个 1/9 宽度作为外白边，一个1/9高度作为天头，2/9高度作为地脚，设定出版心。此种方法也被称为"九等份划分法"。这类传统的运用几何学方法在对角线上找版心的方法只是许多方法中的一种，它有时候并不适合狭长和扁宽的开本。

2. 天头地脚设计

天头、地脚即版心上下的空白处。版心上面的空间叫作天头，下面的为地脚。而版心的左右则称之为内口、外口。在上面的版心介绍中已经说到版心的比例大小和营造书籍的情感有着密切的关系。也就是说天头与地脚的大小比例、内口与外口不同的大小比例能够营造出书籍不同的情感。中国的古装书和线装书的天头一般大于地脚，而西方的书籍一般比例均等，或者地脚大于天头。

徐雁平在《树叶之美》中提到"就像鸟儿飞倦了，要在树梢（图片）或者草地（空白）上落脚，这些地方也往往是思想行走或者飞翔的空间"，天头地脚也要适当留出一些供人们眼睛休息的空白区域。（如图 3-3-16 至图 3-3-19）

图 3-3-16   图 3-3-17

图 3-3-18   图 3-3-19

3. 页眉设计

页眉是指印在书籍版心以外的空白处的书名、篇名或章节名，也指横排页码印在天头靠近版心的装饰的部分，是正文整体设计的一部分。页眉是故事开始时的律，是音乐响起时的最短弦。一般来说单码排章名，双码排书名。而对于有些书来说，章节层次较多不便于排书名，就直接排上章名或者节名。

页眉利用书心外的空间，用小字在天头、地脚或书口处设计，给读者在翻页时带来方便，同时好的设计给画面带来美观。页眉的设计也很丰富，特别在综合性的杂志、书籍和词典等工具书中应用广泛。有的正面写书名、反面写章节名，有的运用几何形的点、线、面配合文字设计，但需要与版面设计协调。文艺书为了版面活泼常运用书眉。（如图3-3-20、图3-3-21）

图3-3-20

图3-3-21

4. 页码设计

页码为书籍表示页数的数字，是书页顺序的标记，便于读者检索。一般位于书籍的下角或者上角，也有位于天头或者地脚并居中的。页码的计算一般习惯从正文标起，当你打开一本书的时候，左边页码为偶数，右边为奇数。而分册装订的书，可以单本计算页码，也可以连续计算页码。前言、扉页、目录等部分的页码一般另外计算。页码可以使书籍内容有延续性，方便读者进行翻阅。

5. 字体设计

（1）文字

文字是书籍设计中最基本的单位，在整个书籍中占了大部分。它不仅仅是单纯使读者识别或阅读的符号，更是书籍文化内容的主要承载者。目前，我国常用的印刷字体有宋体、楷体、黑体等。

书籍装帧中的文字有三种意义：一是书写在表面的文字形态；二是语言学意义上的文字；三是激发人们艺术想象力的文字。姜德明曾说："中国的汉字可以作为书籍装帧的重要手段"。每一种文字都是有其性格特征，黑体类字体的笔画粗细相等、方头方尾，具有醒目、正规、简洁、明快、浑厚有力等特点，是现代设计中运用较广泛的一种字体，常用于主标题等。圆体保留了黑体方正、饱满的特征，在笔画两端和转折处加上了圆角处理，这种字体外形圆润并且具有亲和力，因此它常用于表现儿童、女性以及食品等主题的设计中。楷书具有传统、端庄、刚直的特征，行书有清秀自由的意趣，隶书具有华贵古朴的风貌，大篆显得粗犷，而小篆均圆柔婉。

书籍字体和字号的选择要遵循两个原则：一是选择字体和字号的类型，要方便读者阅读，注意功能目的；二是要注意字体和字号之间的相互关系，因为它们是构成书籍版面美感的重要因素部分。

所以说，任何书籍设计选择字体和字号都是要以方便读者阅读和理解为主要原则。书籍设计者要根据图书不同的内容性质来选择相应的字体。读者受众分为不同的年龄层次，书籍内容也分为不同的类型。总的来说，书籍的正文字体要清晰明了，读起来舒服。字体字号的选择上功能为主，同时兼顾审美，二者统一。

（2）字距

字距的变化是一行文字中字与字之间距离的大小变化。字距越大，单个字就越突出。因此，书籍标题文字的字距往往大于正文文字的字距。文字设计必须考虑视觉的舒适度。因此，字行的长度要限制第二节字的"行"化，否则容易引起视觉疲劳。通常，用5号字时，字行长度不能超过90厘米。

（3）行距

行距的变化是多行文字中行与行之间距离的大小。当版面中的文字数量达到一定量时，"行"的概念就出现了。为了保证顺利阅读，行距不能过小，削足适履的情况应当避免。最重要的一点是，行距必须大于字距。

（4）方向

文字方向的变化，也是重要的编排方式。具体可以分成以下三大类型：水平方向，从左到右、从右到左；垂直方向，从上而下、从下而上；倾斜方向，根据画面的需要，进行文字的倾斜。可以是直线型倾斜，也可以是曲线型倾斜。编排版面时，可以运用多方向结合的方式，让整个画面产生多条视觉流动线，这样版面就更加生动了。

（5）字块

如果说字的"行"化是基础，那么字的"块"化就是文字组合的最终形式。尤其在书籍设计中，字的"块"化表现形式可谓无处不在。所谓字的"块"化，即文字的组合以块面的形式出现在版面中。文字部分相对集中，目的是让版面中信息量较大的文字部分主次分明。当然，字的"块"化形式是多样化的，方形只是一种。版面中"块"的存在，可以起到分割画面的作用，使画面产生韵律美。字的"块"化的训练主要包括"块"的形式和"块"的数量两个方面。

（6）"块"的形式和组合

"块"的形式是千变万化的，最基本的就是常见的几何形，比如正方形、长方形、圆形、三角形、梯形等。以这类形式组合的文字有强烈的秩序感，有利于阅读，经常运用在书籍正文中。当然，还可以是充满想象的具象形，比如人物形、建筑物形、植物形等。这类形式应当是字图结合的完美统一体，给人新奇的视觉效果。不规则形也是其中的一种。这种"块"的形式富有现代气息，在自由版式中运用较多。

在许多场合，文字"块"的数量是不等的。对应到具体的版面上，也是如此。因此，其中便蕴含了一个组合因素，即文字"块"之间存在大小、位置、色彩、方向、形状等方面的联系。字"块"的组合和不同类型字"块"的数量形式主要有单个文字"块"、两到三个文字"块"以及四个以上的文字"块"组合。（如图3-3-22、图3-3-23）

图3-3-22　　　　　　　　　　　　　　图3-3-23

3.3.4　插图设计

插图也称插画，是书籍艺术的重要组成部分。它是插在文字中间用以说明文字内容的图画。《辞海》中对于插图的解释是："指插附在图书报刊中的图片（如照片或原样影印的文字资料）。通常分为艺术插图和科技插图两类。对正文补充说明或供艺术欣赏，有的印在正文中间，有的用插页方式。"

插图作为现代设计的一种重要视觉传达形式，其直观的形象性和展示的生活感以及美的感染力，在设计中拥有重要的地位。随着经济文化的迅速发展，作为书籍装帧组成部分的插图，其形式、结构、基本格式、表现手段等，越来越丰富多彩。在现代的各种出版物中，插图设计已不仅仅是"照亮文字"的陪衬作用。它不仅能突出主题思想，还能增强艺术感染力。

插图作为书籍装帧设计的重要组成部分，是占有特定地位的视觉元素。通过欣赏插图，读者能够感受情感的传递，引起与作者的共鸣和心灵上的沟通。所以要充分认识和理解书稿，使插图形象化，设计者要反复而细致地领略书籍的精神内涵。因此插图始终应以书籍的知识、信息内容的传递为设计诉求中心，如果偏离了诉求目标，而不能准确地传达信息、传达其书籍的思想内涵，那就失去了它的诉求机能。作为一种特殊的艺术语言，插图应该以使阅读最省力为原则，来吸引读者的注意力。书籍设计中的插图，将其进行形象思维的理性夸张，可以补充甚至超越文字本身的表现力，产生增值效应。

现代书籍的插图包括封面封底的设计及正文的插画，分类形式丰富，广泛运用于文学书籍、科技书籍以及少儿书籍等。科学技术的不断进步发展以及和艺术的结合，多元化的艺术形式给插图创造了丰富的视觉表现手段与形式，给插图以广阔的想象空间。插图可以采用各种表现手段与形式，如抽象形态、具象形态以及摄影、绘画、漫画、剪纸、卡通等，这些都有利于信息的快速传达。（如图

3-3-24 至图 3-3-31 ）

图 3-3-24

图 3-3-25

图 3-3-26

图 3-3-27

图 3-3-28

图 3-3-29

图 3-3-30

图 3-3-31

3.4 书籍版式设计的形式美法则

　　书籍版式设计是指将书籍的文字、图形、色彩这些有限的视觉元素根据不同的需要，按照视觉审美规律，结合各种平面设计原理排列在一个版面上。

　　形式美法则作为视觉传达设计的表达方式，具有很强的规律性，是一种复杂而科学的视觉心理活动。通常，视觉对象本身特有的视觉要素的特性一般能引起人们的心理反应，如认知或陌生、适宜或不适宜、喜悦或庄重等。在书籍版面设计中形式美法则同样能得到体现。在书籍版面设计中，我们掌握形式美法则及其在设计中的规律是十分重要的。运用好这些法则和规律，将会有事半功倍的效果。下面是书籍版面设计中要运用的一些基本法则和方法。（如图 3-4-1 至图 3-4-4）

图 3-4-1

图 3-4-2

图 3-4-3

图 3-4-4

3.4.1 变化统一

"统一"是主导，变化是从属。统一强化了我们版面的整体感觉。多样变化突破了版面的单调、死板。但过分地追求变化，则可能杂乱无章，失去整体感。

统一之美，是指版面构成中某种视觉元素占绝对优势的比重。如在线条方面，或以直线为主，或以曲线为主；在编排走文上，或以单栏为主，或以变栏为主；在版面色彩上，或以冷色调为主调，或以暖色调为主调；在情调方面，或以幽雅为主，或以强悍为主；在疏密方面，或以繁密为主，或以疏朗为主。

多样变化之美，是指版面构成中某种视觉元素占较小比重的一种形态，多样变化可使版面生动活泼，丰富而有层次感。（如图 3-4-5、图 3-4-6）

图 3-3-5　　　　　　　　　　　　　　　　　　图 3-3-6

3.4.2　对比协调

在版面设计中，缺少对比效果，就缺少活力，就不能在视觉上抓住人。版面设计，可以从诸多方面运用对比手法：如虚实、聚散、繁简、疏密、主次、轻重、大小、方圆、长短、粗细、曲直、强弱、黑白等，在彩色报纸上还有色调冷暖对比、补色对比等。在一个版面上运用对比手法，应以对比方的某一方面为主，形成对比的冲突点，形成画龙点睛之笔，也就是版面的"彩儿"。（如图3-4-7至图3-4-9）

图 3-4-7

图 3-4-8

图 3-4-9

3.4.3 对称均衡

对称是指两个基本形同等同量且并列或均齐地排列，方向、大小、形状完全吻合对应的关系，如自然界中人的双眼双耳或鸟虫的双翼双翅。在报纸版面中也经常运用对称的形式，它给人以安定、肃穆、整洁、沉静的感觉，产生秩序、理性、高贵、静穆的美。

平衡又称均衡，体现了力学原则，是以同量（心理感受的量）不同形的组合方式形成稳定而平衡的状态。日用器皿中茶壶是平衡结构的，而盆罐花瓶则多是对称结构的。平衡结构是一种自由生动的结构形式。平衡状态具有不规则性和运动感。一个版面的均衡是指版面的上与下、左与右取得面积、色彩、重量等量上的大体平衡。

在版面上，对称与平衡产生的视觉效果是不同的，前者端庄静穆，有统一感、格律感，但如过分均等就易显呆板；后者生动活泼，有运动感和奇险感，但有时因变化过强而易失衡。因此，在版面设计中要注意把对称、平衡两者有机结合起来，灵活运用，特别是要根据不同题材类型来决定两者之间的关系倾向。（如图 3-4-10、图 3-4-11）

图 3-4-10

图 3-4-11

3.4.4 节奏韵律

节奏是指同一视觉要素按一定的秩序连续重复排列时所产生的运动感，是一种视觉上往往呈现一种秩序美和周期性的规律。节奏往往是通过视觉元素强弱、疏密、大小、明暗、前后、轻重来体现的，节奏往往呈现一种秩序美。在版面设计中，没有节奏的版面肯定是沉闷的。读者在看报纸时，一般是由左到右、由上到下、由题目到正文的阅读过程，如果编辑设计版面时在标题、图片、栏目、点线面上做文章，让它们有所变化，在视觉上串成串儿，形成跳跃式的块状、点状，这样读者读来就有一种节奏感。

韵律的表现是表达动态的构成方法之一，在同一要素周期性有变化地反复出现时，会形成运动感，呈现一种灵活的流动美。（如图 3-4-12）

图 3-4-12

3.4.5 虚实、留白

空间与形体互相依存，任何形体的存在都占有一定的空间，是实体的空间；形体之外或在形体的背后，或细弱的文字、图形与色彩，就是虚的空间。虚的空间往往是为了强调主体，将其他部分削弱，甚至留白来衬托主体的实。因此，留白是编排设计中的一种衬托手法。实体的空间和虚的空间之间没有绝对的分界，每一个形体在占据一定的实体空间后，还需要一定的虚的空间，使其在视觉上的动态与张力得以延伸。

当然，留白率较高的版面，适合于表达高雅格调的资讯信息、稳健的版面或严肃的机构形象；留白率较小的版面，适合于表达热闹而活泼，充满生机与活力的资讯信息。留白量的多少，可根据所表现的具体内容和空间环境而定。（如图3-4-13、图3-4-14）

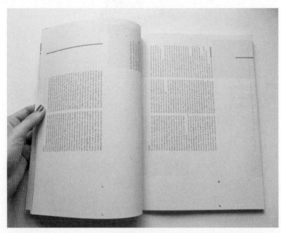

图 3-4-13

图 3-4-14

3.4.6　秩序与变异

变异是规律的突破，是一种在整体效果中的局部突变。这一突变之异，往往就是整个版面最具动感、最引人关注的焦点，也是其含义延伸或转折的始端，变异的形式有规律的转移、规律的变异，可依据大小、方向、形状的不同来构成特异效果。

秩序美是排版设计的灵魂：它是一种组织美的编排，能体现版面的科学性和条理性。版面是由文字、图形、线条等组成的，尤其要求具有清晰明了的视觉秩序美。构成秩序美的原理有对称、均衡、比例、韵律、多样统一等。在秩序美中溶入变异之构成，可使版面获得一种活动的效果。（如图3-4-15）

图 3—4—15

3.4.7 重复与交错

在排版设计中，不断重复使用的基本形或线，它们的形状、大小、方向都是相同的。重复使设计产生安定、整齐、规律的统一。但重复构成的视觉感受有时容易显得呆板、平淡、缺乏趣味性的变化，故此，我们在版面中可安排一些交错与重叠，打破版面呆板、平淡的格局。

版面设计是通过情感的传递引起与观者的共鸣和心灵上的沟通，所以任何形式的运用都应注重与内容的统一，都应有助于设计思想的展开。在版面中，所谓情感是发生在人与版面形态之间的感应效果，形与形式格局的物理刺激在人的知觉中造成一种强烈印象时就会唤起一系列的心理效应。形式美的基础很重要的一个方面，就是建立在人类共有的生理和心理上，人的感觉与经验往往是从生理与心理开始的。

现代设计以人为中心，版面设计也不例外，从人的因素考虑与人的一切活动。如果将版面设计中的形式理解为为效果而效果，它只能是一种形式显现出来的无深度、浮华的格式，谈不上与观者心灵的沟通。构成学的研究与运用为版面设计的深入探讨、人性化设计提供了理论依据。（如图 3-4-16）

图 3—4—16

第4章 装帧与印刷工艺

书籍设计中仅对封面、书脊、扉页、版式、插图的设计，是远远不够的。只有做到对开本、印刷材料的选择、印刷装帧形式及工艺等各个环节的设计，才能真正做到对书籍的整体进行设计。对于任何一位书籍设计师来说，掌握装帧与印刷工艺尤为重要。本章将围绕开本的设计、印刷材料的选择以及装订的工艺进行详细的讲解。

4.1 书籍设计的开本设计

开本是指一本书幅面的大小，是以整张纸裁开的张数作标准来表明书的幅面大小。书籍的开本作为最外在的形式，仿佛是一本书对读者传达的第一句话。书籍设计首先要考虑开本的大小，好的开本设计不仅带给人们良好的第一印象，而且还能体现出本书的实用目的和艺术个性。不同的开本可以体现丰富的视觉感受，小开本可能表现了设计者对读者衣袋、书包空间的体贴，大开本也许又能为读者的藏籍和礼赠增添几分高雅和气派。满足读者的需要始终都是开本设计最重要的原则。总之，开本的设计要符合书籍的内容和读者的需要，不能为设计而设计、为出新而出新。

4.1.1 纸张的开切方法

未经裁切的纸张为全开纸张，全开纸张通常按 2 的倍数来裁切，当全开纸张不按 2 的倍数裁切时，其按各小张横竖方向的开切法又可分为正开法和叉开法。

正开法是指全开纸按单一方向的开法，即一律竖开或横开的方法。叉开法是指全开纸张横竖搭配的开法。除以上的两种方法外，还有一种混合开切法，即将全开纸张裁切成两种以上的幅面尺寸，又称套开法。其特点是能充分利用纸张，根据用户的需要任意搭配，没有固定的模式。混合开切法书籍的开本一般在版权页上有所体现，如版权页上 "787×1092 1/16" 指该书籍是用 787mm×1092mm 规格尺寸的全开纸张切成的 16 开本书籍。

我们国家常用的普通单张印刷纸的尺寸是 787mm×1092mm 和 850mm×1168mm 两种。通常将 787mm×1092mm 幅面的全张纸称为正度纸，850mm×1168mm 幅面的则称为大度纸。全开纸张开切成常见的有大 32 开、小 32 开、16 开、8 开、4 开，还有各色各样的畸型开本。开本按照尺寸的大小，通常分三种类型：大型开本、中型开本和小型开本。以 787mm×1092mm 的纸来说：12 开以上为大型开本，适用于图表较多、篇幅较大的厚部头著作或期刊；16 开、36 开为中型开本，属于一般开本，适用范围较广，各类书籍均可应用，其中以文字为主的书籍一般为中型开本；40 开以下为小型开本，适用于手册、工具书、通俗读物等。开本形状除 6 开、12 开、20 开、24 开、40 开近似正方形外其余均为比例不等的长方形，分别适用于性质和用途不同的各类书籍。（如图 4-1-1 至图 4-1-4）

图 4-1-1

图 4-1-2

图 4-1-3

图 4-1-4

4.1.2 如何进行开本设计

通常，人们都会在不经意间将所见物体的形态进行某种心理定义——将其认为是"平静的""沉重的""柔美的""精致的""粗犷的"等。给人的心理所造成的直接影响是由物体的尺量与度量的空间变化对比形成的。如竖长型给人以崇高感，平宽型给人以开阔感，作为六面体的书籍也是如此。诗歌、散文以及一些文艺类等书籍一般在体量上相对小而尺度狭长，以制造秀丽轻松的氛围；学术论著、经典著作一般体量都会厚重些，让人在目睹时感受到权威、严谨的文学特征；而经典画册和鉴赏性书籍的尺度更为方正，让人们体会端庄而典雅的艺术氛围。

从设计的角度，书籍开本一般分为正规开本和畸形开本，正规开本是指能够把全开纸张裁切成幅面相等的纸张的开本，而畸形开本则是指不能把全开纸张开尽的开本。因此，畸形开本会浪费一定的纸张，从而带来成本的增加，所以需要在选择和设计开本时加以考虑。同一种开本由于纸张规格的不同，所呈现出的尺寸或形状大小也略有差异。根据不同生产厂家的技术条件和设备的不同，所生产出的书籍也会出现略大或略小的现象。

不同内容的书籍应当选用不用的形态来体现。通常，小说类、经济类的书籍以 16 开为主；诗集采用比较狭长的小开本进行设计，因为诗中每行的字数不同，开本太大或太方会浪费纸张；理论性的书籍通常选用正度或大 32 的开本进行设计，这种开本庄重，能体现理论书理性的特征；儿童读物的开本比较随意，方形、弧形、异形都有，以满足儿童的好奇心理，适应不同年龄段的儿童进行阅读；典籍类的书籍开本不宜过大，以方便人们查阅和收藏；科学技术类的书籍通常用较大的开本，以显示信息量充足；画册类的书籍，按照人们的阅读习惯使用正方形、大 16 开本或 8 开本进行设计，以显示出收藏价值。（如图 4-1-5 至图 4-1-9）

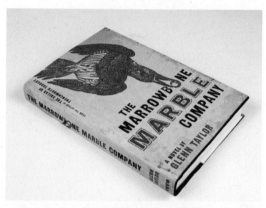

图 4-1-5

图 4-1-6

图 4-1-7

图 4-1-8

图 4-1-9

4.2　书籍设计的印刷材料

　　书籍要成型就要通过一定的材料来完成。因此，书籍材料是塑造书籍形态的物质基础，是显示书籍整体形象的基本条件，通过多样化材料的选择，形成了书籍形态的多样化发展。据《考工记》所记载："天有时，地有气，材有美，工有巧，合此四者，然后可以为良。"通过运用不同的材料来表现书籍之美，是书籍设计的主要表现手段之一。

　　书籍种类繁多，其使用的要求以及印刷方式均不同，故必须根据印刷工艺的要求和特点来选择相应的纸张和材料进行设计。不同的材料给读者提供了不同的修饰质感。普通的平装书需要便宜且携带方便，为了达到这种要求就要使用质量稍差或标准尺寸的纸张，这样能以最小的损耗将一整张纸张裁剪出最多的页数。对于平装书而言，封面是最首要的营销工具，因此封面设计的精美度选择直接影响到书籍的销售数量。

　　纸是最有代表性的书籍材料，它适合印刷、装订，通过折叠、裁切等工艺的加工最后成为一本供人阅读和收藏的书。书籍设计通过二维到三维的变化，将纸张与其他的材料进行组合，形成了对材料空间的塑造，使书籍更具有欣赏价值和美学价值。

随着社会的发展和技术的进步，更多不同的新型材料开始应用于书籍设计之中。合理利用材料，通过印刷、装订等加工方式，使之成为完整的书籍之后，才能显现出材料真正的价值。

4.2.1 凸版纸

凸版纸是采用凸版印刷书籍、杂志时的主要用纸，适用于经典著作、科技类图书、高等院校教材等书籍正文的用纸。

凸版纸按纸张用料成分的配比不同，通常可分为1号、2号、3号和4号。四个级别的纸张号数代表纸质的好坏程度，号数越大则纸质质量越差。凸版纸具有不起毛、质地均匀、抗水性好等特征。（如图4-2-1、图4-2-2）

图4-2-1

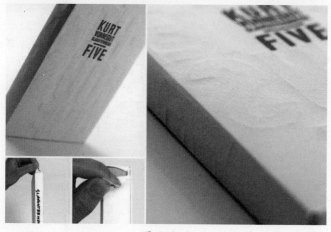

图4-2-2

4.2.2 铜版纸

铜版纸又叫涂料纸，是在原纸上涂布一层白色的浆料，然后经过压光而成的。铜版纸纸面光滑、白度较高、纸质纤维分布均匀、厚薄一致，有较好的抗水性和抗张性能，能良好地吸收油墨。除此之外，还有无光铜版纸，又称为哑粉纸，在日光下观察，与铜版纸相比，不太反光。用它印刷的图案，虽没有铜版纸色彩鲜艳，但图案比铜版纸更细腻、更高档。（如图4-2-3）

图 4—2—3

4.2.3　胶版纸

胶版纸主要供胶版印刷机印制，通常用于印刷较高级的出版物，如画册、宣传画以及书籍封面、插画等。（如图4-2-4）

图 4—2—4

4.2.4　白版纸

白版纸的伸缩性能小、有韧性、不易折断，主要用于印刷包装盒和商品装潢衬纸，在书籍装订中用于简精装书籍的内封。白版纸按纸面分有粉面白版与普通白版两大类，按底层分类有灰底和白底两种。（如图4-2-5）

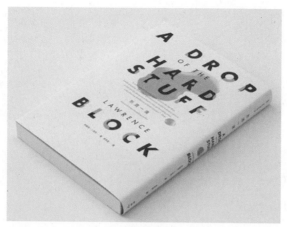

图 4-2-5

4.2.5 特种纸

特种纸是将不同的纤维利用抄纸机抄制成具有特殊机能的纸张，例如单独使用合成纤维、合成纸浆或混合木浆等原料，配合不同材料进行修饰或加工，赋予纸张不同的机能及用途。特种纸的种类繁多，设计效果也不尽相同，本书只介绍几种常用特种纸的应用。

（1）植物羊皮纸（硫酸纸）

植物羊皮纸是把植物纤维抄制的厚纸用硫酸处理后，使其改变原有性质的一种变性加工纸。呈半透明状，纸页的气孔少，纸质坚韧、紧密，而且可以对其进行上蜡、涂布、压花或起皱等加工工艺。其外观上很容易和描图纸相混淆。

因为是半透明的纸张，硫酸纸在现代设计中，往往用作书籍的环衬或衬纸，这样可以更好地突出和烘托主题，又符合现代潮流。有时也用作书籍或画册的扉页。在硫酸纸上印金、印银或印刷图文，别具一格，一般用于高档画册较多。（如图 4-2-6、图 4-2-7）

图 4-2-6

图 4-2-7

（2）压纹纸

压纹纸是指采用机械压花或皱纸的方法，在纸或纸板的表面形成凹凸图案的纸。压纹纸通过压花来提高它的装饰效果，使纸张更具质感。

压花可以分为套版压花和不套版压花两种。所谓套版压花，就是按印花的花形，把印成的花形压成凹凸形，使花纹鼓起来，可起美观装饰的作用。不套版压花，就是压成的花纹与印花的花型没有直接关系，这种压花花纹种类很多，如布纹、斜布纹、直条纹、橘子皮纹、直网纹、齿轮条纹等。（如图 4-2-8、图 4-2-9）

图 4-2-8

图 4-2-9

（3）花纹纸

这类优质的纸品手感柔软，外观华美，成品更富高贵气质，令人赏心悦目。花纹纸品种较多，各具特色，较普通纸档次高。花纹纸可以分为抄网纸、仿古纸、特殊效果纸、金纸等等。（如图4-2-10、图4-2-11）

图 4-2-10

图 4-2-11

（4）合成纸（聚合物纸和塑料纸）

合成纸是以合成树脂（如PP、PE、PS等）为主要原料，经过一定工艺把树脂熔融，通过挤压、延伸制成薄膜，然后进行纸化处理，赋予其天然植物纤维的白度、不透明度及印刷适性而得到的材料。合成纸质地较为柔软、防水性强、耐光耐冷热，广泛应用于高级艺术品、地图、画册等艺术品中。（如图4-2-12）

图 4-2-12

4.2.6 其他材料

现代社会应用于书籍的材料除了标准化的纸张之外，还应用了许多新型的材料，如皮质材料，皮质封面和高质量的装订结合在一起，可以制作出不同的修饰效果的封面。羊皮具有质地好、易弯曲和不易弄砸的特点；猪皮不易弯曲，一般多用于厚重的图书；羊皮相对较便宜，但时间久了容易产生裂纹。如今，皮质封面更多的是使用人工皮革，为大规模图书生产提供了更加便宜的选择。

还有布料封皮，布料封皮实际上是纺织纤维，纤维在上浆和浸入硝酸纤维素之前，要先经过漂白去除纤维中的杂质。上浆一般是指上胶的过程，使纤维僵直不易折弯。硝酸纤维素是液体塑料的一种，其效果比上浆要强，并具有良好的防水性。硝酸纤维布多种多样，可以通过不同的方法进行修饰。（如图 4-2-13、图 4-2-14）

图 4-2-13

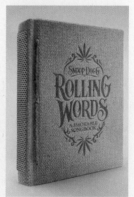

图 4-2-14

1. 纺织品

人们对于纺织品天生就有一种亲切感，它是最接近人类肤质的一种材料。纺织品多用于精装书书籍装帧设计的封面部分，是因为纺织品具有面料丰富、选择空间大、成本低廉且装裱效果良好的优点。纺织品给人一种亲切、环保、舒适的感觉。（如图 4-2-15）

图 4-2-15

2. 皮　质

皮质也是一种较为常见的书籍装帧设计材料，多用于精装书封面装裱。皮质能够营造一种古典怀旧的感情氛围，带有浓郁的西方生活情调。

由于价格昂贵，皮质材质封面的书籍一般来说存在于少数价格高、书籍精美的书册中。但是随着化工科学技术的发展，人造皮革技术已经成熟，相应的成本大大降低。目前，皮质材料在书籍装帧设计中应用也较为广泛。（如图 4-2-16）

图 4-2-16

3. 木　材

木材是天然的材料，本身具有自然的优美纹理，易于加工，是一种最为古老的造型材料。木材可以进行各种加工，具有极强的可塑性。由于其本身的材质特性，木材一般用于精装古籍书的封面以及函套等。（如图 4-2-17、图 4-2-18）

图 4-2-17 图 4-2-18

4.PVC

PVC 材料的手感光滑，呈透明或半透明状，色泽丰富，可以加工成不同的颜色。PVC 由于其自身朦胧透明的视觉效果，一直以来是设计师们钟爱的材料，它能带给读者奇妙的心理感受，在现代书籍设计中应用也较多。（如图 4-2-19）

图 4-2-19

4.3 书籍设计的装订工艺

装订是指从物理属性上将分开的一张张纸张装配成出版物的过程。书籍的装订方式，对于书籍的形式与功能都能产生重要的影响。

图书装订的技术早在公元前 100 年就已经存在了。随着西方印刷技术的发展，装订逐渐发展成为一种普遍的活动，进而成为出版社的商业附属物。直到 19 世纪，机器才成为装订流程的一部分。机器将平版纸折成书贴，用大纸张上巨大压力来增大传统木框的尺寸，这种方式的改进使得上百本的图书可以同时印刷，极大地提高了装订的效率。20 世纪胶水和机器缝合的结合方式使图书生产成为工业化的产物。一台装订机可以完成折纸、配页、粘贴、添加封面、切割大小的一整套工作。

书籍的装订受许多因素的影响，如页数、纸张重量、预期的生命周期、制作数量等。功能也是需要加以考虑的重要因素。比如：需要携带方便的小开本书籍，可以选用胶装和骑马订；如果所设计的书籍是用于展示、摆放在高档餐厅的书，那么要选择厚重精美的精装形式。

基于销售目的的不同，书籍可以分为精装书和平装书。根据装订目的的不同，装订风格可以分为图书馆装帧、精装、胶装和活页装订。

4.3.1　图书馆装帧

任何图书都有可能被存放在图书馆，图书馆装帧就是图书馆为了长期保存和使用图书而采用的专门装订的方法。通常图书馆装帧是手工完成的，封面采用较厚硬纸板。先纵向订将书本固定，并且在切口处打上壶结。封面材料一般使用皮质或布料，经过圆脊和起脊。书页切口可以镶金，标题可以压印在封面上。（如图 4-3-1）

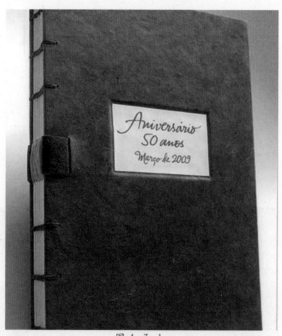

图 4-3-1

4.3.2　加拿大式装订

加拿大式装订本质上是一种封面裹着金属圈的装订方法。它可以平放，而书页可以穿过金属圈翻过去，是一种带着印刷书脊而装订的专业形式。通常，图书馆装帧厚纸板的结合处会形成加拿大式的装订书脊槽。（如图 4-3-2）

图 4-3-2

4.3.3 活面装订

活面装订是机器制造精装书的主要形式，这类的装订通常指精装。活面由三个部分组成：封面、书脊和封底。书的背部可以是方形也可以是圆形，纸板用布料或印刷纸覆盖，通过一层薄纱粘贴在书上。标题通过印刷、机器压印或热印在封面上，封面由护封包裹住。（如图 4-3-3）

图 4-3-3

4.3.4 无线胶装

无线胶装是指使用胶水来装订的一种形式，一般适用于平装书和杂志中。无线胶装是用胶水将书籍的内页固定在书脊上，其优点是具有通用性，能够创造出一个可供印刷的书脊，以满足书籍的视觉诉求。（如图 4-3-4）

图 4-3-4

4.3.5 骑马订

骑马订是最普遍最简单的装订方式之一，它将书的封面与书心制作成一册，骑在机器上，沿着书脊的折缝将其装订成书。骑马钉的页码必须是 4 的倍数，适合于装订小型的出版物。（如图 4-3-5）

图 4-3-5

4.3.6 螺旋订

螺旋订是将打好孔的单张散页，用用螺旋圈或梳式胶圈穿连在一起。通常所说的螺旋订，是指梳状圈或双铁线圈装订。采用这种装订方式的书页是穿在一起的，打开以后整个出版物仍然可以平坦地展开。（如图 4-3-6）

图 4-3-6

4.3.7 手风琴图书

　　手风琴图书又称无脊书，通常指中国式装订和法式装订。手风琴装订采用包贴封面，使书页打开的时候形成以单张的形式阅读，如同手风琴一样。手风琴书页粘贴在封底，但不可以粘贴在封面里面。（如图4-3-7、图4-3-8）

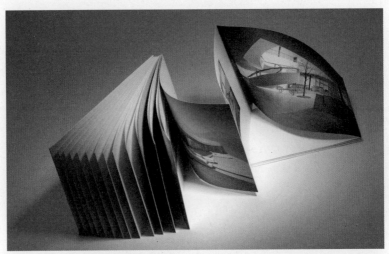

图 4-3-7

图 4-3-8

第5章　书籍装帧设计的电脑表现

随着社会生产和科学技术的飞速发展，书籍出版的周期越来越短，工作量也随之大量增加。因此出版行业的竞争也越来越激烈，对书籍装帧设计的要求越来越高，图样也越来越复杂。现今计算机技术的普及度相对高，计算机已经成为设计专业领域中新的创作方法和工具之一。书籍装帧设计已由以往以人工为主的传统设计转向利用计算机的高速运算及数据处理能力的崭新设计时代。目前市面上流行的 Photoshop、Illustrator、CorelDRAW 等几款计算机辅助设计软件，都可以应用于书籍装帧设计这一领域的设计与创作中。本章通过项目案例讲解这些软件在书籍装帧设计中的电脑表现技巧。

1.Photoshop

Adobe Photoshop 是一款由 Adobe Systems 开发和发行的图像处理软件。Photoshop 的应用领域很广泛，在图像、图形、文字、视频、出版等各方面都有涉及。Photoshop 主要处理以像素所构成的数字图像，使用其众多的编修与绘图工具，可以更有效地进行图片编辑工作。2013 年，Adobe 公司推出了目前最新版本的 Photoshop CC。由于其强大的绘制和调色功能，Photoshop 适合完成平面构成、色彩构成设计制作。

2.Illustrator

Adobe Illustrator 是一款应用于出版、多媒体和在线图像的工业标准矢量插画的软件。作为一款非常好的图片处理工具，Adobe Illustrator 广泛应用于印刷出版、专业插画、多媒体图像处理和互联网页面的制作等，目前最为流行的是 Adobe Illustrator CS6。Adobe 旗下的软件自 2013 年 6 月全部改名，被冠以 Adobe Illustrator CC。Illustrator 是一款矢量图形处理软件，由于其强大的绘制、色彩控制、图案等功能，适合完成平面构成、色彩构成设计制作。

除此之外，如 CorelDRAW、Painter 等都可以作为书籍装帧设计的辅助工具，如图 5-0-1 至图 5-0-3 所示。

图 5-0-1

图 5-0-2

图 5-0-3

5.1 《童年的眼睛》的封面设计项目

第一节运用 Photoshop 来完成《童年的眼睛》这本平装书的封面。由于长篇小说《童年的眼睛》的作者窦蔻，当时年仅 10 岁，因此该封面的设计上，使用与他同龄的小朋友作为视觉元素，在配色上使用象征青春成长的绿色，封面与图书的内容相呼应。既达到使作者满意，又符合以儿童为主的读者群的喜好。最终平面效果图、最终立体效果图如图 5-1-1、图 5-1-2 所示。

图 5-1-4　最终平面效果图

图 5-1-2　最终立体效果图

5.1.1　设计规格

（1）开本尺寸：异形开本，110mm×170mm。

（2）用纸：封面用 250g 铜版纸，内页用 60g 胶版纸。

（3）书脊厚度：15mm。

（4）装帧：平装。

（5）风格类型：儿童文学类。

（6）勒口：0mm。

5.1.2　页面大小的计算

本书的开本尺寸为 110mm×170mm，书脊厚度为 15mm，是无勒口的平装书。根据以上这些尺寸，就可以计算出实际含出血边的页面尺寸，下面是具体计算方法。

页面的高度为 170mm，上下含出血尺寸就是：面板高度 170mm+上下出血 3mm×2=176mm。然后计算页面的宽度，先计算封面一边的尺寸，110mm+出血 3mm=113，封面与封底的宽度一样，加上书脊 15mm，那么总宽度为 113mm+15mm+113mm=241mm。

5.1.3 具体操作步骤

（1）点击菜单的【文件】→【新建】，新建一个文档，尺寸大小为宽 241mm、高 176mm，分辨率设置为 300ppi，色彩模式设置为 RGB，如图 5-1-3 所示。

图 5-1-3

（2）根据上面的计算的尺寸，点击【视图】→【新建参考线】，新建参考线。垂直方向的辅助线分别为：3mm、113mm、128mm、198mm、238mm；水平方向分别为：3mm、173mm。效果如图 5-1-4。

图 5-1-4

（3）首先创建一个新的图层，点击【工具】→【矩形选区工具】，按【Shift】绘制一个正方形选区，点击【编辑】→【填充】，为选区填充绿色，参数为 C：23，M：0，Y：77，K：0，如图 5-1-5 所示。

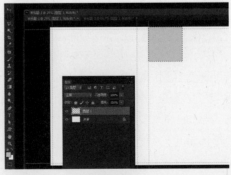

图 5-1-5

（4）同上步骤（3）的方法，继续创建更多的绿色正方形图形，分别设置成为具有明暗或纯度变化的绿色。具体效果如图 5-1-6 所示。

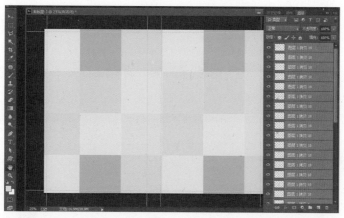

图 5-1-6

（5）选中所有的绿色方形的图层，执行【图层】→【合并图层】，将所有的图层合并。点击【编辑】→【变换】→【变形】，将齐格图形进行变形，具体效果如图 5-1-7 所示。

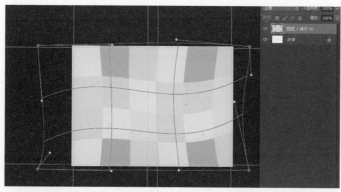

图 5-1-7

（6）创建一个新的图层，命名为"土地"，点击【工具】→【矩形选区工具】，绘制"土地"的效果，绘制不同形状的矩形，填充不同的颜色，颜色可以根据自己的喜好设置，具体效果如图 5-1-8 所示。

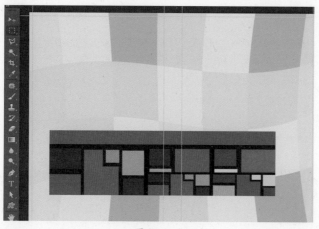

图 5-1-8

（7）选中"土地"图层，执行【编辑】→【变换】→【变形】，将齐格图形进行变形，具体效果图 5-1-9 所示。

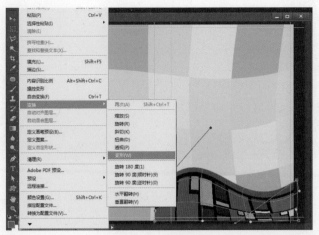

图 5-1-9

（8）点击【滤镜】→【滤镜库】→【扭曲】→【玻璃】，具体设置【扭曲度】为 8，【平滑度】为 6，【纹理】为画布，如图 5-1-10 所示。

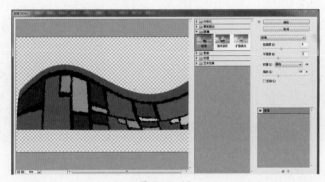

图 5-1-10

（9）点击【工具】→【移动工具】，将"土地"图层移动到封面的下方，执行【文件】→【置入】，插入预先绘制的名为"人物 .ai"的矢量，按【Enter】键，使用【移动工具】将图像摆放到相应的位置，效果如图 5-1-11 所示。

图 5-1-11

（10）点击【工具】→【文字工具】，分别输入封面和书脊的书籍文字、出版社名称以及作者的名字，文字的颜色根据自己的喜好设置，效果如图 5-1-12 所示。

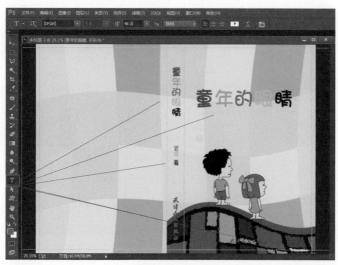

图 5-1-12

（11）击【文件】→【打开】，打开名为"向日葵.psd"的文件。点击【工具】→【移动工具】，将"向日葵"图层移动到封面的左上角，效果如图 5-1-13 所示。

图 5-1-13

（12）点击【图层】→【图层样式】→【斜面与浮雕】。【结构】选项中【深度】为 100、【大小】为 21；【阴影】选项中【角度】为 -143、【大小】为 85。点击【图层】→【图层样式】→【投影】，参数保持默认选项即可，效果如图 5-1-14 所示。

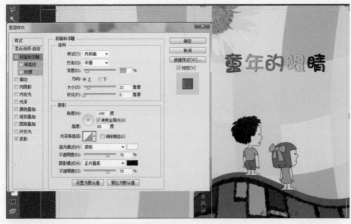

图 5-1-14

（13）点击【文件】→【打开】，打开名为"风景 .jpg"的文件，执行【滤镜】
→【风格化】→【查找边缘】，效果如图 5-1-15 所示。

图 5-1-15

（14）点击【滤镜】→【模糊】→【高斯模糊】，半径参数为 6.3，效果如
图 5-1-16 所示。执行【编辑】→【渐隐】，参数保持默认选项即可，效果如图
5-1-17 所示。

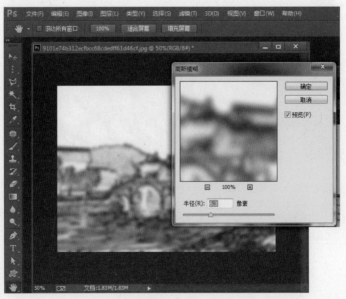

图 5-1-16

图 5-1-17

　　将图片拖拽到文件中，图层排放在"土地"图层之下，将图层模式设置为
【颜色加深】，绘制一个矩形预留出放置条形码的位置，这样使用 Photoshop 制作
一本书籍的封面就完成了，最终效果如图 5-1-18 所示。

图 5-1-18

　　（15）使用多用途图片处理工具（Insofta Cover Commander）进行书籍立体效
果的制作，如图 5-1-19 所示。最后点击【保存】，最后渲染出的最终效果如图
5-1-2 所示。

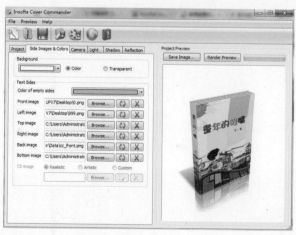

图 5-1-19

5.2 《世界政治婚姻史》的护封设计项目

第二节运用 Illustrator 来制作《世界政治婚姻史》这本精装书的护封的设计。该封面的创意，使用国际象棋的黑白棋子的"王"与"后"作为视觉元素，来象征政治婚姻中的微妙关系。用象征性的手法表现了该书的内容，封面设计与图书主题相互呼应，既吸引了读者，又提高了市场的占有率。最终平面效果图、最终立体效果图如图 5-2-1、图 5-2-2 所示。

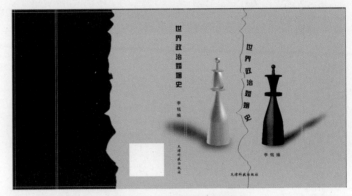

图 5-2-1　最终平面效果图

图 5-2-2　最终立体效果图

5.2.1　设计规格

（1）开本尺寸：32 开，140mm×203mm。

（2）用纸：封面用 250g 铜版纸，内页用 60g 胶版纸。

（3）书脊厚度：15mm。

（4）装帧：精装。

（5）风格类型：文史类。

（6）勒口：50mm。

5.2.2 页面大小的计算

本书的开本尺寸为 140mm×203mm，书脊厚度为 15mm，勒口为 50mm。根据以上这些尺寸，就可以计算出实际含出血边的页面尺寸，下面是具体计算方法。

书脊厚度 15mm 加上两块厚度板厚度 2mm+2mm，厚度就是 19mm。先计算页面的高度，由于面板的高度为 209mm，那么护封的上下含出血尺寸就是：面板高度 209mm+ 上下出血 3mm×2=215mm。然后计算页面的宽度，先计算封面一边的尺寸，中径板厚度 2mm+ 封面 143mm+ 面板厚度 2mm+ 勒口 50mm+ 出血 3mm=200mm，封面 + 前勒口与封底 + 后勒口的宽度一样，加上书脊 19mm，那么总宽度为 200mm+19mm+200mm=419mm。

5.2.3 具体操作步骤

（1）点击菜单的【文件】→【新建】，新建一个文档，尺寸大小为宽 419mm、高 215mm，栅格效果设置为 300ppi，如图 5-2-3 所示。

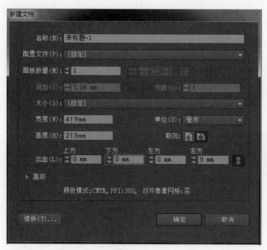

图 5-2-3

（2）根据上面计算的尺寸，设置参考线。水平方向横轴的辅助线分别为：3mm、53mm、55mm、198mm、200mm、219mm、221mm、364mm、366mm、416mm；垂直方向竖轴分别为：3mm、212mm。效果如图 5-2-4 所示。

图 5-2-4

（3）点击【工具】→【矩形工具】，分别创建灰色的矩形图形，参数 C：0，M：0，Y：0，K：20。如图 5-2-5 所示。

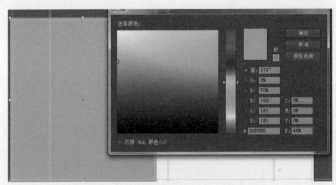

图 5-2-5

（4）点击【工具】→【美工刀工具】，随意绘制产生类似裂缝效果，并且选中，将填充色设置为黑色。具体效果如图 5-2-6 所示。

图 5-2-6

（5）点击【工具】→【选择工具】，将刚刚绘制的图形复制到右边，将颜色全部设置为灰色。选中其中一半图形，按住键盘的→键轻轻移动对象，使得裂纹的缝隙加大，具体如图 5-2-7 所示。

图 5-2-7

（6）点击【工具】→【钢笔工具】，绘制一条与裂缝相近的路径，并点击
【工具】→【直排路径文字工具】输入文字。设置文字大小为21pt，字间距为
900，如图5-2-8所示。

图 5-2-8

（7）点击【工具】→【钢笔工具】，绘制国际象棋"王"棋子形状的一半，
填充颜色设置为白色，如图5-2-9所示。执行【效果】→【3d】→【绕转】生成
国际象棋"王"棋子的三维效果，效果如图5-2-10所示。点击【更多选项】设
置棋子的【灯光】，具体设置如图5-2-11所示。

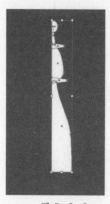

图 5-2-9

图 5-2-10

图 5-2-11

（8）点击【工具】→【钢笔工具】，绘制国际象棋"后"棋子形状的一半，填充颜色设置为黑色，如图 5-2-12 所示。执行【效果】→【3d】→【绕转】生成国际象棋"后"棋子的三维效果，效果如图 5-2-13 所示。点击【更多选项】设置棋子的【灯光】，具体设置如图 5-2-14 所示。

图 5-2-12

图 5-2-13

图 5-2-14

（9）点击【工具】→【钢笔工具】，分别为国际象棋"王"棋子和"后"棋子绘制投影的图形，填充颜色设置为黑色。执行【效果】→【扭曲和变形】→【自由扭曲】生成投影的倾斜效果，效果如图 5-2-15 所示。点击【效果】→【模糊】→【高斯模糊】，具体设置如图 5-2-16 所示。效果如图 5-2-17 所示

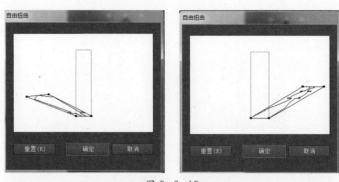

图 5-2-15

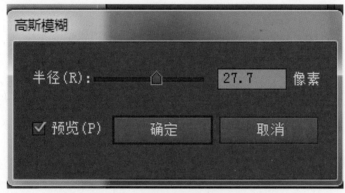

图 5-2-16

图 5-2-17

（10）点击【工具】→【文字工具】，分别输入封面和书脊的书籍文字、出版社名称以及作者的名字，绘制一个矩形预留出放置条形码的位置，如图 5-2-18

所示。这样使用 Illustrator 制作一本书籍的护封就完成了，最终效果如图 5-2-19
所示。

图 5-2-18

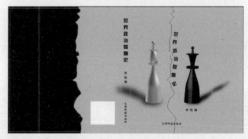

图 5-2-19

（11）使用多用途图片处理工具（Insofta Cover Commander）进行书籍立体效
果的制作。最后点击【保存】，渲染出的最终效果如图 5-2-20 所示。

图 5-2-20

5.3　《尼姆佐维奇：我的体系》的精装书封面设计项目

第三节运用 CorelDRAW 来制作《尼姆佐维奇：我的体系》这本精装的封面。
该封面的设计上与客户进行了沟通，图片采用半调网屏效果处理图片，封底使用
国际象棋的"马"与封面的画面前后呼应，形成统一的整体。封面的色彩设计

上，大胆运用黑黄的配色法，相反色调强调出的个性与独特气质，突出了图书主题。最终平面效果图、最终立体效果图如图 5-3-1、图 5-3-2 所示。

图 5-3-1　最终平面效果图

图 5-3-2　最终立体效果图

5.3.1　设计规格

（1）开本尺寸：32 开，140mm×203mm

（2）用纸：封面用 250g 铜版纸，内页用 60g 胶版纸。

（3）书脊厚度：15mm。

（4）装帧：精装。

（5）风格类型：文史类。

5.3.2　页面大小的计算

本书的成品尺寸为 140mm×203mm，书脊厚度 15mm。根据以上这些尺寸，就可以计算出实际含出血边的页面尺寸，下面是具体计算方法。

书脊厚度 15mm 加上两块厚度板厚度 2mm+2mm，厚度就是 19mm。先计算页面的高度，由于面板的高度为 209mm，那么护封的上下含出血尺寸就是：面板高度 209mm+ 包口 15mm×2=239mm。然后计算页面的宽度，先计算封面一边的尺寸，中径板厚度 2mm+ 封面 143mm+ 面板厚度 2mm+ 包口 15mm+ 书槽宽 7mm=169mm，封面 + 前勒口与封底 + 后勒口的宽度一样，加上书脊 19mm，那么总宽度为 169mm+19mm+169mm=357mm。

5.3.3　具体操作步骤

（1）设计《尼姆佐维奇：我的体系》的书籍封面。打开 CorelDRAW 应用程序，然后选择【文件】/【新建文档】，尺寸设置宽度 370mm，高度 239mm，渲染分辨率效果设置为 300ppi。如图 5-3-3 所示。

图 5-3-3

（2）【选择工具】/【选项命令】，打开其对话框，然后单击辅助线前面的＋号按钮，在打开的选项中选择水平项目，在数值框中输入 15、224，并单击添加按钮，添加水平的辅助线。在打开的选项中选择垂直项目，在数值框中输入 15、160、169、188、197、342，并单击添加按钮，添加垂直的辅助线。参数设置如图 5-3-4 所示。

图 5-3-4

（3）设置完成后，单击确定按钮，将显示比例设置为100%后，页面辅助线效果如图5-3-5所示。

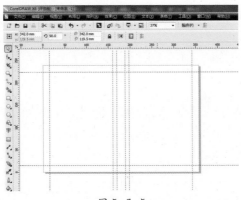

图 5-3-5

（4）在绘图区绘制一个与页面大小相同的黄色的矩形，参数值：C：0，M：0，Y：100，K：0，单击填充按钮，轮廓设置为无。完成后的效果如图5-3-6所示。

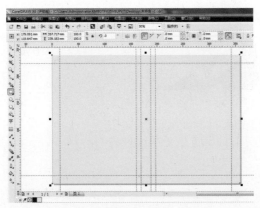

图 5-3-6

（5）按下【Ctrl】+【I】快捷键打开导入对话框，从文件夹中找到"尼姆佐维奇.jpeg"文件，效果如图5-3-7所示。

图 5-3-7

（6）选择【位图】/【色彩转换】/【半色调】命令，打开其对话框，具体设置效果如图5-3-8所示。

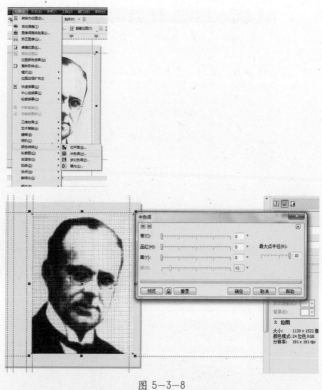

图 5-3-8

（7）使用透明度工具，将透明类型设置为标准、透明操作设置为减少、开启透明选项设置为0，效果如图5-3-9所示。

图 5-3-9

（8）在绘图区的上方和下方，分别绘制一个与页面宽度大小相同的黑色的矩形，参数值：C：100，M：100，Y：100，K：100，单击填充按钮，轮廓设置为无。完成后的效果如图5-3-10所示。

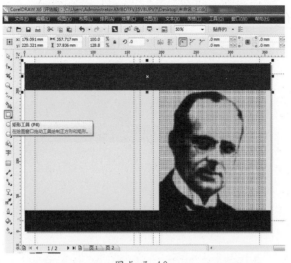

图 5-3-10

（9）在绘图区绘制一个与页面宽度大小相同的白色长条矩形，参数值：C：0，M：0，Y：0，K：0，单击填充按钮，轮廓设置为无。在工具箱中选择文本工具，然后在属性栏中设置字体为造字工房力黑体，然后在封面输入如图所示的文字内容，效果如图5-3-11所示。

图 5-3-11

（10）在工具箱中选择文本工具，分别在封面和书脊输入书名、出版社名称以及作者的名字等相关文字，效果如图5-3-12所示。

图 5-3-12

（11）使用钢笔工具，拖动鼠标绘制国际象棋"马"形状，在工具箱中选择文本工具，在封底输入 Chess 文字，如图 5-3-13 所示。这样使用 CorelDRAW 制作一本精装书籍的封面就完成了，最终效果如图 5-3-13 所示。

图 5-3-13

（12）使用多用途图片处理工具（Insofta Cover Commander）进行书籍立体效果的制作，如图 5-3-14 所示。最后点击【保存】，渲染出的最终效果如图 5-3-2 所示。

图 5-3-14

参 考 文 献

[1] 王受之 . 世界平面设计史 . 北京：中国青年出版社 .

[2] 发展中的书籍艺术 . 余秉楠，译 . 北京：人民美术出版社 .

[3] 郭恩文 . 书籍装帧 . 北京：北京大学出版社，2013.

[4] 邱承德，邱世红 . 书籍装帧设计 . 2 版 . 北京：文化发展出版社，2013.

[5] 陆路平，王妍珺 . 书籍装帧设计 . 北京：中国建筑工业出版社，2013.

[6] 韩琦 . 书籍装帧设计与实训 . 成都：西南交通大学出版社，2015.

[7] 谢群 . 书籍装帧设计与制作 . 北京：化学工业出版社，2011.

[8] 漆杰峰 . 书籍装帧设计 . 长沙：中南大学出版社，2009.

[9] 于瀛，韩冬 . 书籍装帧设计 . 武汉：华中科技大学出版社，2011.

[10] 鸿人工作室 . Photoshop CS 书籍装帧设计完全解决方案 . 北京：红旗出版社，2005.

[11] 宋新娟，何方，熊文飞 . 书籍装帧设计 . 2 版 . 武汉：武汉大学出版社，2011.

[12] 王茜 . 书籍装帧设计 . 北京：机械工业出版社，2013.

[13] 里弗斯 . 优设计：书籍创意装帧设计 . 苑蓉，译 . 北京：电子工业出版社，2011.